小创客

趣玩

micro:bit

开发板编程

王宇光◎编著

U0200022

机械工业出版社

China Machine Press

图书在版编目（CIP）数据

小创客趣玩 micro:bit 开发板编程 / 王宇光编著. —北京：机械工业出版社，2019.9

ISBN 978-7-111-63386-0

Ⅰ. 小… Ⅱ. 王… Ⅲ. 程序设计 – 青少年读物 Ⅳ. TP311.1-49

中国版本图书馆 CIP 数据核字（2019）第 162943 号

小创客趣玩 micro:bit 开发板编程

出版发行：机械工业出版社（北京市西城区百万庄大街 22 号　邮政编码：100037）

责任编辑：欧振旭　李华君　　　　　　　　责任校对：姚志娟

印　　刷：中国电影出版社印刷厂　　　　　版　　次：2019 年 9 月第 1 版第 1 次印刷

开　　本：186mm×240mm　1/16　　　　　印　　张：10

书　　号：ISBN 978-7-111-63386-0　　　　定　　价：69.00 元

客服电话：（010）88361066　88379833　68326294　　　投稿热线：（010）88379604

华章网站：www.hzbook.com　　　　　　　　读者信箱：hzit@hzbook.com

2012年，英国广播公司（British Broadcasting Corporation，BBC）开始了一项雄心勃勃的计划。他们意识到英国的教育系统没有为孩子们的未来职业规划做好充分准备，特别是在IT技能方面，学校的教育严重不足，使孩子们在进入职业市场后将面临严峻的挑战。BBC不仅创建了数量庞大的电视节目和广播节目，其教育部在为学校中的孩子和所有适龄学习者提供课程与教育内容方面也起着重要的作用。他们制定了一个大胆的计划，促成了micro:bit项目的诞生。简言之，micro:bit是一款专为青少年编程教育设计的微型电脑开发板。这个项目于2016年底达到了一个高潮，BBC和30个合作伙伴（包括ARM、三星和微软）将100万部micro:bit微型计算机分发到了英国的中学，编程革命从此开始！

在BBC的理解中，成功的关键不仅仅在于设计出一个伟大的硬件（任何人尤其是没有经验的儿童都能买得起和会使用），而且还要保证能够提供所有必要的支持。这意味着需要给教师和教育团队提供编辑器、学习资料、课程，并提供消息和支持。

诸如micro:bit这种青少年编程和嵌入式开发使用的微型电脑开发板，其结构简单，使用方便，也易于推广，只需花费数百元人民币，就可以获得一整套开发套件，所以全中国的大部分家庭和学校都能轻易地开展嵌入式开发和计算机科学领域的学习。而且 micro:bit 使用了 ARM 公司非常普及的 Cortex-M0 架构和最新的 Mbed 技术，进行简单的编程即可运作，而无须接触底层硬件，即便是中小学生也能轻易上手搭建自己有趣而多彩的项目。更为重要的是，中国在物联网创新领域和综合科技发展方面已经进入了世界先进行列。这意味着未来我们需要数量更加庞大的编程人员，所以从青少年时期就开始普及编程教育，培养孩子们的编程能力事不宜迟，非常迫切！

micro:bit 将带给孩子们学习方式和学习过程的转变，在教育领域将会有很高的价值，它将很快成为教学中不可缺少的数字化教学工具而得到普及，而且目前有一些眼光超前的学校已经在这么做了。不得不说，micro:bit 让我们有了一种崭新的学习载体，也让 STEM（Science、Technology、Engineering、Mathematics）的教学变得更加丰富，让孩子们有了更多崭新的学习方式。

笔者及其团队也敏锐地觉察到了 micro:bit 对中国青少年的智力开发及科学素养的提升有巨大意义，这对我们来说是一个绝好的机会，我们也坚信能把握住这次机会，站在浪潮之巅。经过去粗取精，落实生根，笔者编写了这本通俗易懂的 micro:bit 中文图书。这对于目前国内青少年编程和嵌入式开发教育而言，真可谓是久旱逢甘霖。

编写本书的初衷是想通过 micro:bit 的基础教学指导，让青少年编程爱好者和中小学的信息学教师掌握 micro:bit 开发板的使用方法，并重点掌握 Makecode 的基础编程方法，然后再通过创意案例实践提高 micro:bit 应用水平。这样，青少年编程爱好者可以通过本书培养编程兴趣，为后续的编程学习打好基础；而对于中小学信息学科目的老师来说，则可以将 micro:bit 的基本使用方法传递给中小学生，激发他们对编程的兴趣，并通过实际动手感受编程的魅力。

本书从 4 个维度带领大家逐步理解和学习 micro:bit 的使用方法，具体如下：

● micro:bit 介绍；

● micro:bit 开发方式；

● Makecode 图形化编程；

● 创意编程案例实践。

本书定位于"编程入门与实践指南"，适合所有喜爱编程的青少年朋友阅读。书

中对 micro:bit 的介绍和背景知识的讲解非常详细，意在让读者理解 micro:bit 产生的意义。书中对于 Makecode 的编程讲解，仅限于读者对其基本功能的掌握，而没有做任何扩展和延伸，这非常适合中小学信息课教学使用，也适合中小学生课外阅读。本书有很强的实践性，书中的创意实践部分从上百个少儿编程案例中精选出了 16 个进行详细讲解，手把手带领读者完成编程项目案例，这是本书的重点内容，需要读者亲自动手实践每一个案例。

在此，我期待有更多的朋友能读到这本书，也希望国内有更多的年轻人能借助这本书打开自己的视野，提升自己的能力，通过 micro:bit 创建自己的第一个项目，做出有趣的应用，今后能够在和全世界的同龄人交流中多一种共同的语言。

最后感谢笔者所在团队为本书的出版所付出的努力！也感谢为本书出版付出大量时间的编辑，没有你们认真、细致的工作，就难有本书高质量的出版！

由于成书较为仓促，书中可能还存在错漏和不严谨之处，恳请读者朋友们不吝指正。阅读本书时若有疑问，请发电子邮件到 hzbook2017@163.com。

硬壳儿编程学院创始人　王宇光

于北京

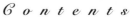

第 1 章

什么是 microt:bit

本章知识概要

① 初步了解 microt:bit；

② 认识 microt:bit 的结构、元件名称及功能。

欢迎来到 microt:bit 图形化编程世界。本章中，你将认识什么是 microt:bit，以及 microt:bit 作为一个微型计算机开发板具有哪些强大的功能。如图 1.1 是一个手持 microt:bit 设备工作的画面，我们相信，对于 microt:bit 硬件基本设计的认识，可以帮助学生在 microt:bit 开发过程中梳理思路，对每一个代码模块组也会有更深刻的理解。当然，如果你已经对 microt:bit 的硬件有了一些了解，也可以跳过本课节，直接开始第 2 章的学习。

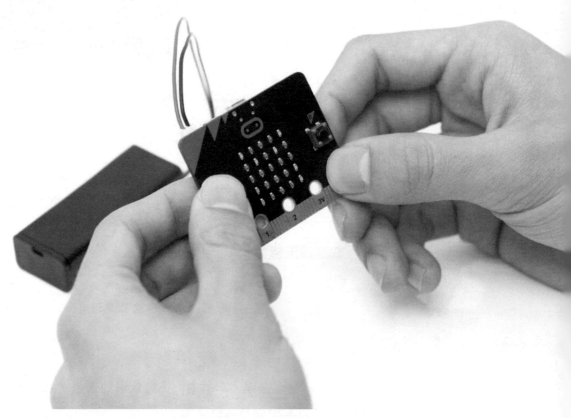

图 1.1　一台工作中的 microt:bit

1.1 第一次遇见 microt:bit

1.1.1 microt:bit 是什么

micro:bot 是什么？它可以用来做什么？它可以吃吗？带着问题学习是一个非常好的习惯，因此，老师不打算直接告诉你这两个问题的答案。不过老师可以告诉你：microt:bit 不能被当做食物，如果你强行咬上一口，我敢保证，那口感一定差极了。那么 microt:bit 可以做什么呢？事实上，microt:bit 是英国广播公司（BBC）联合很多企业及社会组织推出的一个基于 ARM 芯片的微型可编程计算机。它的"个头"很小，仅 4 厘米长，3 厘米宽，不到 1 厘米厚（也就比你的文具盒里的橡皮大那么一点）。如图 1.2 和图 1.3 展示了这台小巧设备的正面和反面"定妆"照。但是，可不要小瞧了它，microt:bit 可以说是"麻雀虽小，五脏俱全"。一个标准的 microt:bit 配备了加速度计、磁力计、光电传感器、蓝牙传输芯片、两个按钮、25 个发光二极管组成的显示屏、一个微型 USB 接口、一个充电接口，以及用于扩展输入和输出功能的引脚若干。等一下，让我们先喘口气，老师不会要求你一口气记住这些元件，这里我们只会重点介绍一些主要元件，其他元件会在之后的章节中做详细讲解。

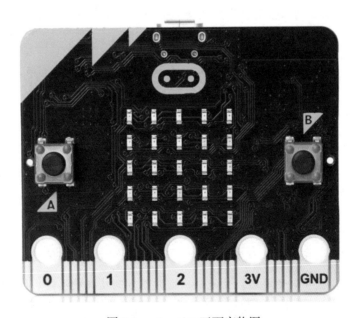

图 1.2　microt:bit 正面实物图

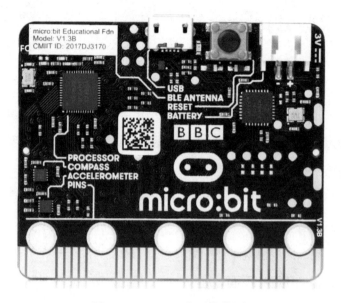

图 1.3　microt:bit 背面实物图

 知识点

ARM 芯片又称 ARM 处理器，全称为 Advanced RISC Machine。ARM 处理器在嵌入式计算机领域（例如智能手机和平板电脑）一直占有较大份额的市场。ARM 处理器具有小巧、价格低廉及低功耗的特点。虽然 ARM 处理器不如主流的英特尔和 AMD 处理器计算速度快，但是其尺寸小的优势足以让它应用在所有可以想到的领域中。除了手机领域，ARM 处理器的应用场景还有很多，如电视机顶盒、智能咖啡机、游戏机、汽车的安全气囊和防抱死刹车系统等。

 说一说

在探索 micro:bit 世界之前，让我们再仔细看一看 microt:bit 的背面实物图。出于行业规范，microt:bit 已经尽可能齐全地将执行特定功能的组件用英文单词标识了出来。通过这些英文单词，你能猜出这些组件的功能吗？

1.1.2 显示屏

microt:bit 的显示屏位于整个设备的正中央，它是 microt:bit 的主要输出设备（Output Device）。现在一个常见计算机显示屏的分辨率可能为 1920×1080 像素（pixel），而 microt:bit 的显示屏分辨率仅为 5×5=25 像素，如图 1.4 所示。虽然 25 像素听起来不太多，但是足以显示数字、字母、单词，甚至可以显示柱状图或者用作游戏显示屏。在第 2 章中，我们将一起体验如何通过代码块实现对 microt:bit 显示屏的控制。

知识点

输出设备是计算机硬件的终端设备，用于将计算机数据输出给外部环境。常见的输出形式有显示、打印、发声，以及控制计算机的外围操作设备等。换言之，输出设备可以把计算机里的数据或信息以图像、声音等形式表现出来。常见的输出设备有显示器、打印机等。显示屏是我们接触到的第一个 microt:bit 输出设备（元件）。

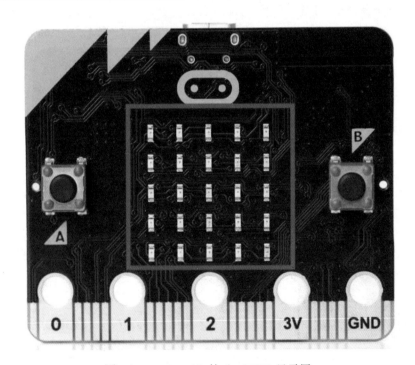

图 1.4　microt:bit 的 5×5 LED 显示屏

1.1.3 按钮

microt:bit 的两个按钮分布于显示屏两旁，在按钮旁边你可以看到非常明显的 A、B 标识，如图 1.5 所示。可以通过按下按钮对 microt:bit 发出简单的指令，我们统称这类可以向 microt:bit 发出传入信息和数据的元件叫做输入设备（Input Device）。当然，这些指令都是通过编写合理准确的代码实现的。microt:bit 内部有一种机制叫做监听，一旦给 microt:bit 连接上电源，其监听器就会开始运作，以监听按钮是否被按下了。

这两个按钮在技术上叫做瞬时开关（Momentary Switch），它跟家里用来控制灯的开关是不同的。家中的开关又叫锁式开关（Latching Switch），一旦你从一种状态，比如"关灯"拨动到另一种状态"开灯"，它的状态就会保持住，直到你下一次拨动它。而瞬时开关不同，只有在被按下的一瞬间状态会是开启的，当你的手从下压的按钮上离开时，按钮会自动弹起，开关再次关闭。

其实在 micro:bit 背面还存在着第 3 个按钮——重启按钮。重启按钮的功能就跟它的名字一样，可以强行切断电源，然后让 micro:bit 重新执行代码。除非你知道自己在做什么，否则不要在程序执行一半的时候触碰它。

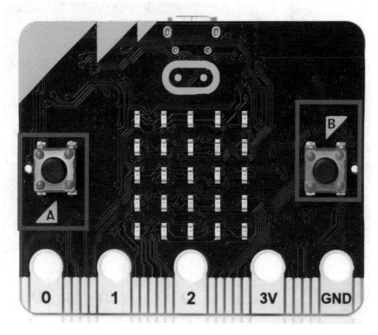

图 1.5　microt:bit 的 A、B 按钮位于正面显示屏的两侧，重启按钮位于背面上方

知识点

　　输入设备是向计算机输入数据和信息的设备，常见的有键盘、鼠标、摄像头和扫描仪等。输入设备的存在使得计算机能够接收各种各样非数值型的数据，如图形、图像和声音等。这些信息都可以通过对应的输入设备转换成二进制数值、音量值和亮度值等数据存储到计算机中。当然，也可以直接使用输入设备输入数值类型的数据，例如使用键盘输入。按钮是我们接触到的第一个 microt:bit 输入设备（元件）。

1.1.4 处理器

　　处理器通常被称为计算机的"大脑"。microt:bit 作为单片机，由于空间有限，将内存、存储器和中央处理器整合成了一个整体，在 microt:bit 上用英文 processor 作为标识（如图 1.6 所示），这样的结构称为片上系统（System on Chip）。

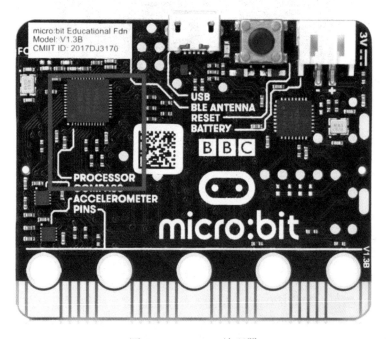

图 1.6　microt:bit 处理器

> **知识点**
>
> SoC（System on Chip，片上系统）是对像 microt:bit 一样将内存、存储器和中央处理器集成在单一元件上的系统的统称。

1.1.5 无线电收发设备

无线电收发设备（Radio）能够让 microt:bit 的设备之间实现简单的通信和信息传输。microt:bit 采用的是一种叫 BLE（Bluetooth Low Energy）的低功耗蓝牙。microt:bit 背面的 BLE ANTENNA 标识指的就是用于蓝牙传输的天线所在处，如图 1.7 所示。

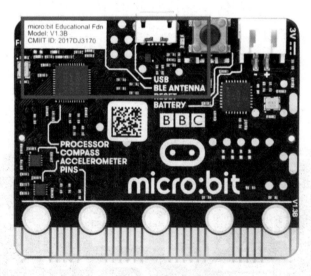

图 1.7 micro: bit 的无线电天线

1.1.6 加速度计

加速度计（Accelerometer）是 BBC microt:bit 的两个内置传感器之一，它是一个比处理器芯片还要小的集成电路，如图 1.8 所示。这个组件可以允许 microt:bit 测量 3 个坐标轴（X 轴、Y 轴和 Z 轴）的固定加速度。也就是说，microt:bit 可以探测到旋转及转动的方向和力度。

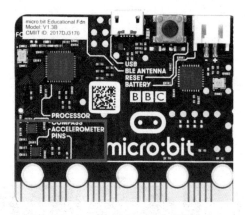

图 1.8　microt:bit 加速度计

> **注　意**
>
> 　　第一次使用这个组件的相关代码块时，程序会自动进入一个"动作感应游戏"，你需要左右晃动 microt:bit，直至点亮所有的 25 个 LED 灯泡。

1.1.7　电子罗盘

　　电子罗盘（Compass）的工作方式和航海用的罗盘大致是相同的。电子罗盘能够相对精确地探测出地磁北极，要找到它就要注意 microt:bit 背面的 COMPASS 标识，如图 1.9 所示。

图 1.9　microt:bit 电子罗盘

1.1.8　输入 / 输出引脚

　　输入 / 输出引脚位于 microt:bit 的底部。严格来讲，它只是位于 microt:bit 这个印制电路板两面的铜条。它的正面分别用 0、1、2、3V 和 GND 进行了标记，如图 1.10 所示。前 3 个标记是 microt:bit 主要的输入和输出引脚，而后两个则能为创建的电路提供电源和接地。

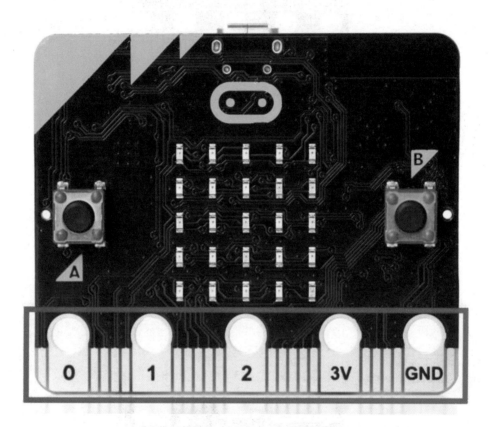

图 1.10　microt:bit 的输入 / 输出引脚

1.1.9　微型 USB 接口

　　micor:bit 的微型 USB 接口位于背面上方的中间位置，如图 1.11 所示。它的主要作用是为 microt:bit 提供外接电源，因为 microt:bit 的尺寸太小，不允许有电源镶嵌在板子上。接口的另一个作用是连接到计算机上，下载 microt:bit 程序或者与计算机进行交互（例如，使用 microt:bit 控制计算机上的 Scratch 程序）。

图 1.11　microt:bit 的微型 USB 接口

1.1.10　电池接口

电池接口（如图 1.12 所示）的设计目的是为了提高 microt:bit 的便携性。这个接口可以让 BBC microt:bit 连接 3V 的电池组，以便随时给 BBC microt:bit 上运行的程序提供电源。

图 1.12　microt:bit 的电池接口

1.2 小结

本章主要涉及 microt:bit 硬件的基础知识。学习编程的过程虽然是软件开发的过程，但是每一个项目的构思和设计，都离不开硬件的支持。因此，建议同学们牢记 microt:bit 提供的强大硬件支持都有哪些，这会极大地助益后面的学习。

1.3 练习题

1. SoC 的全称是_____，中文叫做片上系统，是指将_____、_____和_____等各种处理器集合为一个整体的系统。microt:bit 的处理器就是应用了这一系统。

2. microt:bit 显示由_____个发光二极管（LED）构成，这些发光元件以 5×5 的矩阵形式排列，因此 micro:bit 显示屏又叫做_____显示屏。

3. 通过编程，我们不仅可以控制 micro:bit 显示屏中每个 LED 的明暗，还可以调节它的亮度。这个说法正确吗？

4. show leds 块不仅可以显示英文和英文标点符号，也可以显示中文和数字。这个说法正确吗？

5. 显示屏是 microt:bit 主要的输出设备，同时兼具输入功能。这个说法正确吗？

6. 下面是一组 microt:bit 的正反面说明（见图 1.13 和图 1.14），老师已经标记出了那些重要的元件，现在需要你为每个元件加上名称及功能说明。

图 1.13　习题示例图 1

图 1.14　习题示例图 2

提 示

　　尽可能为每个元件写出更加准确的名称和说明，如果不知道答案，请一定仔细阅读本章内容。其中有个别元件并没有在本章中提到，你可以上网查询答案！

第 2 章

JavaScript Blocks
图形编程

本章知识概要

1. 编程语言：搭起人与计算机沟通的桥梁；
2. 认识 MakeCode 图形化编程工具；
3. 认识 JavaScript Blocks 图形编程语言；
4. MakeCode 基本设置。

本章我们将介绍 microt:bit 专用开发工具——MakeCode 图形化编程工具（如图 2.1 所示），它使用的是一种叫做 JavaScript Blocks 的图形编程语言。我们将对编程工具的界面进行讲解，同时希望大家能够明白什么是编程语言，以及学习它们的重要性。

图 2.1　MakeCode 图形化编程的入口页

2.1　初始 MakeCode 和图形化编程语言

2.1.1　编程语言

编程语言（Programming Language）是用来编写计算机程序的形式语言。编程语言定义了一套标准化的交流技巧，用于向计算机发出指令。熟练掌握编程语言的软件开发工程师，可以通过编程语言对计算机进行操控，精确定义在不同情况下所应采取的行动。简单来说，编程语言是人类与机器交流的工具。JavaScript Blocks 就是上百种编程语言中的一种，它是专门用来操控 microt:bit 的语言。比如，我们想让 microt:bit 显示屏显示一组单词：Hello World!，不论你说中文还是英文，microt:bit 都不会有任何反应，但是如果你使用 JavaScript Blocks 编程语言正确书写指令，你会发现与 micro: bit 的交流其实很简单！

2.1.2　JavaScript Blocks 图形化编程语言

JavaScript Blocks 编程语言又称做图形化编程语言，是专门针对 6~12 岁的儿童而设计的编程语言。在这里没有复杂冗长的代码，取而代之的是形状各异的积木块，编写程序就像是堆叠积木一样简单。从本书第 3 章开始，我们将切身体会到使用 JavaScript Blocks 为 microt:bit 编写程序的乐趣。如图 2.2 所示为一组非常简单的代码，你能猜出这组代码块录入 microt:bit 后会有哪些效果吗？

知识点

　　JavaScript Blocks，即 JavaScript 积木块，是一款转为 micro:bit 设计的图形化编程语言。熟练掌握 JavaScript Blocks 编程的软件工程师，能够轻松使用 microt:bit 硬件上的丰富组件，进而完成各种项目的开发（例如计时器秒表、花草的自动灌溉等）。

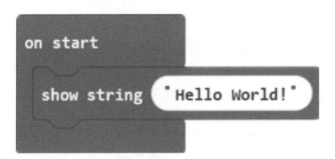

图 2.2　JavaScript Blocks 编写的简单程序

　　要进行 JavaScript Blocks 编程，请确认你的计算机已经连入了互联网。打开浏览器，输入网址 https://makecode.microbit.org/，会看到类似于图 2.3 所示的页面（图 2.3 为英文版入口页面）。单击带有加号图案的新建项目按钮，在其中我们可以书写 JavaScript Blocks 编程语言（图 2.4），这个页面也是我们通常所说的 MakeCode 编程界面。从今天起，你将学习通过 MakeCode 编程界面来编写 JavaScript Blocks 代码，对 microt:bit 进行操控，从而开发出诸如闪烁爱心动画、投票器、土壤水分分析器、自动浇水器、电子吉他、剪刀石头布游戏机和情绪电台等功能强大的装置，而且在整个开发过程中将会乐趣横生，多姿多彩！

图 2.3　英文版的 MakeCode 入口页面

图 2.4　MakeCode 编程界面

2.2　浏览 MakeCode 编程界面

在开始编写代码之前，请先跟随我的引导，从左上角开始熟悉一下 MakeCode 编辑器的主界面。首先映入眼帘的是一个长条形状的功能区，它的最大特点是拥有蓝色背

景（底纹），这让它与其他构件区分开。如图 2.5 所示，从左到右分别是：

- microt:bit Logo：带有 microt:bit 字样的编辑器 Logo，单击它可以回到入口页。
- 回到入口页按钮：带有主页和房子图标模样的按钮，单击它你可以回到入口页（功能同单击 microt:bit Logo）。
- 分享按钮 ：单击该按钮，将允许你与他人分享自己的编码成果（程序）。
- 编辑器切换按钮：切换按钮有两个选项，即 Blocks 和 JavaScript。没错，它们其实是两种编程语言，这两种语言都可以用来控制 microt:bit。但是本书大部分章节中都会使用 Block 选项，即 JavaScript Blocks 语言编写我们的代码。
- 帮助按钮：图标形状是一个问号，单击它，可以查看入门教程和示例程序。
- 设置按钮：一个齿轮状的按钮，包括语言在内的项目的各种设置都可以在这里更改。注意，为了体验原汁原味的编程，强烈建议使用英文作为编辑器的语言。
- Microsoft Logo：最后一个带有 Microsoft 字样的 Logo，会带你进入一个新的网页，其中展示了所有由 Microsoft MakeCode 项目组开发的软件，第一个便是 microt:bit。

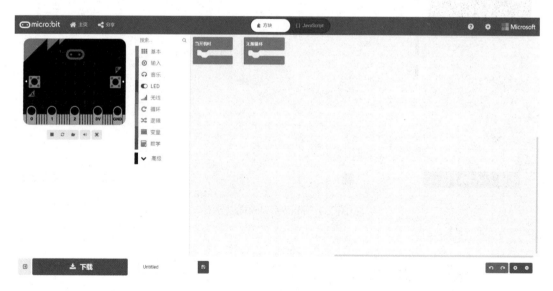

图 2.5　MakeCode 的功能区

接下来要介绍的是编程区，如图 2.6 所示，这个区域会非常频繁地被使用，请务必牢记。

- 模拟器：在 microt:bit Logo 下方的是模拟器，与实物不同，它不能检测重力、加速度和亮度，但是可以模拟 LED 屏幕的显示效果、按钮按下的效果，以及引脚的部分效果。

- 指令工具栏：位于模拟器右边的是指令工具栏，工具栏中包含了所有可以使用的代码块，每个代码块都根据功能被分类到了一个模块组中。例如，基本模块组包含了较为常用的代码块，并统一以天蓝色底色作为标记。本书将用大量的篇幅带你掌握如何正确地组合代码块，让 microt:bit 听从你的指令而运行。

- 工作区：编程区中最大的一片区域就是工作区，我们将在这里编写可以被 microt:bit 识别的编程语言。我们所使用的语言叫做 JavaScript Blocks，编写它其实也很容易，只需要将指令工具栏中的指令块合理地拼接在一起就可以了，就像拼图一样。拼接代码块的过程也被称做编码 coding。

图 2.6　MakeCode 编程区—中文版界面

注　意

　　细心的你可能会发现，还有一小部分图标我们没有进行讲解。不要着急，在用到它们的时候我会再次进行详解。

2.3　小结

通过本章的学习，我们认识了 MakeCode 图形编辑器。其中，模拟器、指令工具栏和工作区是经常使用的部分。除此以外，我们知道了 MakeCode 编辑器可以辅助编写基于 JavaScript Blocks 图形化编程语言的代码，来操控 microt:bit。

2.4　练习题

1. 想要进入 MakeCode 编程界面，你需要使用浏览器，在地址栏输入_____。

2. 本章着重介绍了 MakeCode 编程界面的三个区域：_____，_____ 和_____，这3个区域所占面积最大，也是在编写代码的过程中会反复使用的区域。

3. 学会并掌握 JavaScript Blocks 语言，我们就可以自由操控 microt:bit。这个说法正确吗？

4. JavaScript Blocks 和 JavaScript 是一种语言，它们的写法没有任何区别。这个说法正确吗？

5. 老师使用的是英文版的 MakeCode 界面（如图 2.7 所示），为了方便教学，建议大家也使用对应的英文设置。仔细阅读本章第一节，并将你的 MakeCode 编译器设置成英文界面。

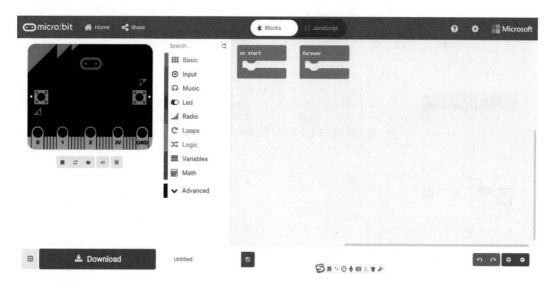

图 2.7　MakeCode 编程区—英文版界面

你好，世界

本章知识概要

① on start 块介绍；

② show string 块：在显示屏上展示字符串；

③ 字符串介绍；

④ 使用 MakeCode 上的 microt:bit 模拟器。

　　本章我们将学习如何使用 MakeCode 图形编辑器让 microt:bit 显示屏显示英文短句 'Hello,world!'，以及如何使用 MakeCode 自带的模拟器测试我们的代码。学习过程中，我们还会了解到诸如字符串、未生效的代码块等概念。

3.1 强大的代码块

一切从 on start 块开始。

想要顺利完成本章的任务——让 microt:bit 显示出'Hello, world!'，我们需要使用两个代码块：on start 块和 show string 块。其中，show string 块可以控制 microt:bit 显示屏上的 LED 灯泡，让显示屏展示出我们提供给程序的英文单词或者标点符号，我们把这样的一组英文单词和标点符号叫做字符串。那么 on start 块的作用是什么呢？图 3.1 中，我们看到了多个 show string 代码块，其中只有被 on start 块包裹的 show string 块呈现出蓝色底色，其他 3 个 show string 块都是置灰显示。

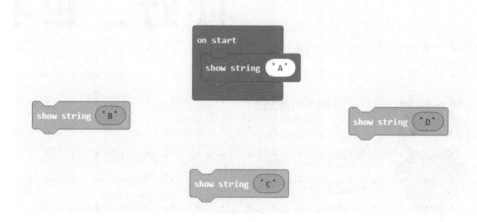

图 3.1　正确运行的代码块和未生效的代码块

如果我们将光标放置在这些被置灰的代码块上方，就会看到类似于图 3.2 所示的提示信息。这些信息告诉我们，这些置灰的代码块因为没有被放置在 on start 块里面，所以不会被 microt:bit 执行，也就是说，除了字母 A 之外，字母 B、C 和 D 都不会显示出来。

图 3.2　未生效的代码块说明

注　意

本书所使用的 MakeCode 版本是 2018 年 10 月 26 日更新的版本，不同版本所显示的说明文字可能会有略微不同。详细的版本信息请参阅官方博客地址 :https:// makecode.com/blog/。

知识点

在计算机领域，我们通常把字母和标点符号叫做字符，由两个或多个字符组成的单词或者句子则被称为字符串。例如: "hello! " 字符串就是由 'h'、'e'、'l'、'l'、'o'、'!' 一共 6 个字符组成的，字符及字符串最标志性的特点就是两头用引号。

3.2　我的第一个 microt:bit 程序：Hello World!

打开浏览器，输入网址 https://makecode.microbit.org/，单击带有加号的 Project 按钮，新建的项目默认名称是 Untitled，在界面里找到它，把它改为 HelloWorld! 作为项目的名称。

注　意

改变名称并不会影响代码块的功能，却可以帮助我们记住这个项目的功能，方便将来有多个项目的时候整理它们。一定要养成好习惯，每次新建项目后的第一个任务便是修改项目名称。

第 1 步: 拖曳 show string 块。

从指令块工具栏中的 Basic（基础）模块组下找到 show string 代码块，拖曳到 on start 块里。show string 块的位置如图 3.3 所示。

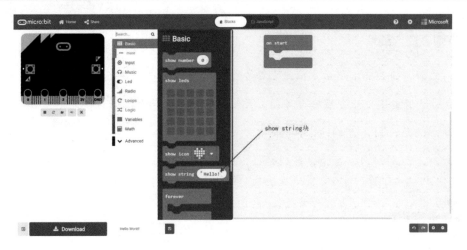

图 3.3　找到 show string 代码块

最后完成的代码如图 3.4 所示。

> **注　意**
>
> 　　拖曳代码块是本书学习过程中常见的指令。它的具体执行动作是从编辑器的工具栏中找到指定的代码块并单击，然后按住鼠标左键不放，直至将代码块拖到工作区的指定位置后松开左键。随着后面学习中的频繁使用，大家将会熟练掌握这一动作。

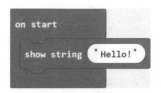

图 3.4　正确放置的 show string 块代码

> **注　意**
>
> 　　在使用 JavaScript Block 编程语言的时候，当提到拖曳到某某块里时，两个模块应该是紧紧镶嵌在一起的。图 3.5 中，show string 块并没有置于 on start 块里。

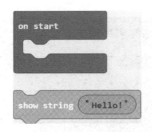

图 3.5　未被正确放置的 show string 块

第 2 步：编辑字符串。

现在，让我们单击 Hello，你会看到双引号消失了，并且单词背后出现了灰色底纹，这说明我们可以对字符串进行编辑了。将 Hello Word! 输入后回车，或者单击工作区的空白处，此时，完成的代码如图 3.6 所示，并且你会看到模拟器已经开始滚动显示你输入的字符串了。

图 3.6　HelloWorld! 项目的最终代码

恭喜你！本章的代码编写部分到此结束，well done! 如果没有看清，你可以单击模拟器上的重启按钮（重启按钮的位置如图 3.7 所示）再次执行程序块指令。

 知识点

重启按钮是一个带有两个弯曲箭头的按钮，这两个箭头首尾相连形成一个闭环。单击重启按钮后，模拟器将重新执行一遍工作区中的代码，因为 on start 块中的代码只会执行一次，所以重启按钮对于模拟器而言是非常重要的。

第 3 步：保存代码。

注意到编辑界面下方的这个区域了吗？（如图 3.8 所示）如果在你的页面上显示的是 Untitled 的话，说明你还没有给项目命名，请将项目名称改为 HelloWorld!。接下来，单击一旁的保存按钮，就可以成功保存我们的程序了。

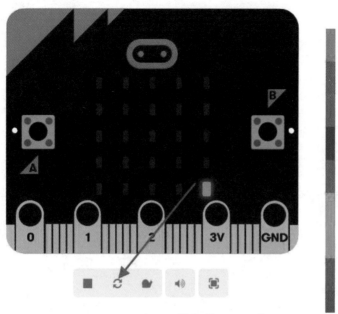

图 3.7　模拟器上的重启按钮

图 3.8　保存按钮的位置

3.3　小结

本章中，我们学习了如何使用 on start 块和 show string 块将英文单词和标点符号显示在模拟器的屏幕上。除此之外，我们还掌握了"字符串"的概念。在下一章中，我们会学习新的代码块，并尝试将代码下载到 microt:bit 上运行。

3.4 练习题

1. 置灰的 on string 代码块虽然被放置在工作区里，但是不会_____，除非被放置在_____块下方。

2. 在计算机软件中，我们通常把字母和标点符号叫做_____，由两个或多个字符组成的单词或者句子被称为_____。

3. 以下哪个图形是模拟器上的重启按钮标记？（   ）

   A. ■   B. ↻   C. ↩   D. 三个都不是

4. 字符及字符串标志性的特点是（   ）。

   A. 有英文单词   B. 引号包裹   C. 有标点符号   D. 三个都不是

5. 还记得 3.1.1 节中的代码吗？试着编写出来并测试一下，看看模拟器上的显示是否如我们预料的一样，只显示了字母 A，而没有显示字母 B、C 或 D。

6. show string 块可以展示数字吗？我们应该如何证明自己的猜想呢？

7. on start 块也存在于指令工具栏中，所以如果不慎删除了工作区中的 on start 块也不用慌张，可以在 Basic 模块类中找到它，并重新将其拖曳回工作区中。我们都知道，on start 表示在开始时执行的指令块，那么如果工作区中存在两个 on start 块，模拟器会选择执行哪一个 on start 块中的指令呢？有没有可能两个 on start 块同时执行？大胆做出猜想，然后登录 MakeCode 编辑器界面验证你的猜想！

提 示

　　在 MakeCode 界面中，有两个选项需要慎之又慎，它们就是位于设置按钮下的 Delete Project 选项和 Reset 选项。通过这两个选项的文字提示你能猜出它们的功能和区别吗？在 MakeCode 上试一试，验证你的想法。

闪烁的桃心

本章知识概要

① show leds 块：显示图形和动画；

② on start 块和 forever 块：当开机时与无限循环；

③ 下载代码，在 microt:bit 上执行代码。

　　今天，我们将继续探索 microt:bit 的世界，学习如何展示简单的图形和动画，借助 show leds 块和 forever 块显示屏展示一个闪烁的桃心。为此我们要学习如何让显示屏显示图形，以及如何通过图形显示来模拟动画效果。最后，我们将把完成的代码烧录（下载）到 microt:bit 设备里，真正实现通过代码块对 microt:bit 的控制。

4.1 显示图形和单词

4.1.1 初识 show leds 块和 show string 块

show leds 块和 show string 块一样属于 Basic 模块类，都可以用来控制显示屏的显示。简单来说，两个程序块有以下两点区别。

（1）静止与滚动：show leds 块只会展示一个静止的图形，但是 show string 块展示的字符串会滚动出现在显示屏上，如图 4.1 所示。

图 4.1　一个滚动显示的单词 Hello

注　意

当字符串的长度仅为一个字符的时候，例如一个标点，或者一个数字，或者一个字母的时候，show string 块不会滚动显示内容。

（2）自定义与预设：使用 show leds 块时，你需要决定每一个 LED 的明暗，这可能会很烦琐，但是却保留了最大的自由度，show leds 块允许我们展示自定义图案。与 show leds 块不同，show string 块会根据系统的预设，将字母、标点符号和数字展示在显示屏上。这样的设计虽然省去了不少时间，但同时无法对不满意的显示样式做出调整。正所谓，鱼和熊掌不可兼得。根据场景需要选择合适的代码块，才能体现出我们作为软件工程师的智慧！

4.1.2 使用 show leds 块制作动画

当 show leds 块成功嵌套进 on start 块之后，你就可以对 show leds 块里的 25 个小方格进行自定义了，如图 4.2 所示。每个方格都分别对应了 microt:bit 显示屏上的一个小灯管（LED）。每个 LED 都有两个状态，即开启和关闭，对应 show leds 块小方格中的白色和灰色。

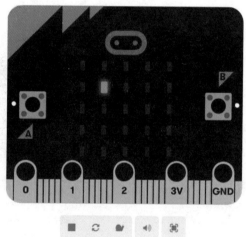

图 4.2　如何使用 show leds 块

现在我们已经知道如何编辑图形了，那么哪个代码块可以制作动画呢？事实上，JavaScript Blocks 编程语言没有专门定义动画的代码块，但是我们可以通过多张图形的交替展示制作出动画效果，就像手翻漫画书一样。要制作多个图片，只需要将新的 show leds 块拖曳到一起，程序会按照由上到下的顺序逐个展示。如图 4.3 所示，使用了 5 个 show leds 块完成了一个简单的闪烁动画，你可以在模拟器上观察到它的效果。

4.1.3 forever 块

forever 块就如它的英文意思（永远）一样，被它包裹住的代码将会一遍又一遍地执行，永远不停歇。在计算机科学领域，通常将之称为"循环"。在 JavaScript Blocks 计算机语言中，除了 forever 块，还有其他代码可以执行循环操作，比如 while do 块。图 4.4 中说明了如何找到并使用 forever 块，当 forever 块被拖曳到工作区后，模拟器并不会有明显变化，forever 块和 on start 块一样，需要和其他代码块结合使用。

注　意

一个 microt:bit 项目只允许存在一个 on start 块，但是却允许存在多个 forever 块。

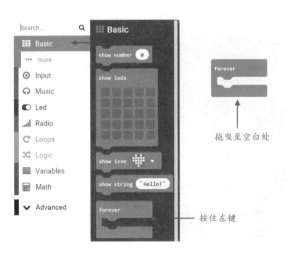

图 4.4　找到并使用 forever 块

图 4.3　闪烁的 LED 灯泡

4.2　编写"闪烁的桃心"项目代码

接下来，我将带领你一步一步完成闪烁的桃心的项目开发。当 microt:bit 接通电源后，你将看到 microt:bit 显示屏上闪烁的桃心，这个程序非常简单，相信一定难不倒你！
首先，我们要新建一个 Project，更改名称为 FlashingHeart。

第 1 步：找到并使用 forever 块。

从 Basic 工具类中找到 forever 块，并拖曳到工作区中。放置好后的 forever 块主体为蓝色，并带有白色的 forever 字样，如图 4.5 所示。

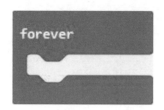

图 4.5　放置在工作区的 forever 块代码

第 2 步：放置桃心图案。

在 Basic 工具类里找到 show leds 块，拖曳并镶嵌到 forever 块内，在 show leds 块上绘制出一个桃心图案。接下来拖曳一个新的 show leds 块到刚刚绘制好的 show leds 块下方，最后完成的代码如图 4.6 所示。

图 4.6　放置一个桃心图案

第 3 步：让桃心开始闪烁。

从 Basic 工具类中拖曳一个新的 show leds 块到桃心图案下方，单击模拟器的重启按钮，我们就可以看到闪烁的桃心了。最后完成的代码如图 4.7 所示。

图 4.7 闪烁的桃心代码

第 4 步：连接 microt:bit 至计算机。

现在让我们一起来学习如何把代码复制进 microt:bit，让编码块实现它真正的作用——对 microt:bit 发出指令。首先，我们需要使用微型 USB 连接线，用它把 microt:bit 和我们的计算机连接起来，如图 4.8 所示。如果连接顺利，你会看到microt:bit 的黄色指示灯亮起，并且在计算机上出现了一个名为 MICROBIT 的移动磁盘。

接下来只需要回到我们的 MakeCode 编辑界面。单击位于界面左下方的Download 按钮，在弹出的对话框中单击 FlashingHeart.hex，将保存路径改为MICROBIT 移动磁盘（图 4.9）。稍等几秒钟，待下载完成后，你就会看到 microt:bit已经在自动播放我们的动画了。是不是很简单？！

图 4.8 将 microt:bit 与计算机连接

 知识点

.hex 后缀：每一个文件的后缀都是一种标识，文件通过它的后缀告诉计算机自己属于哪一类文件，进而提示计算机如何打开它。例如，.ppt 后缀的文件打开后是幻灯片，.png 文件则是图片阅读器，而双击 .hex 文件则会打开一个本地 MakeCode 编辑器。

 **注　意**

因为 microt:bit 使用的存储器是闪速存储器（Flash Memory），所以也有人把代码下载到 microt:bit 的过程称做"闪存"。现在的你可能无法区分不同存储方式的区别，但是不用担心，相信勤思好问的你终有一天可以成为这方面的"专家"。现在，让我们先专心"把玩"microt:bit 吧。

图 4.9　下载项目代码至 microt:bit 上

4.3　小结

　　在我们的努力下，闪烁桃心的任务终于完成，一切都离不开你的智慧和 MakeCode 编辑器的帮助。我们不仅又学习了新的代码块 show leds 块和 forever 块，还学会了如何下载（烧录）项目代码到 microt:bit 上。本章最后的练习题模块颇具挑战，但是相信认真学习的你，一定能够解答出来！

4.4　练习题

1. 当多个 show leds 块拼接在一起构成动画时，程序会先执行位于最_____（上 / 下）方的代码块，然后依次执行剩余的代码块，直到结束。

2. 当代码完成后，我们就可以下载代码了。首先我们需要使用_____把 microt:bit 和计算机连接，待计算机上出现一个名为 MICRO:BIT 的_____时，回到 MakeCode 编辑界面，单击左下方的_____按钮，在弹出的对话框中单击 .hex 文件名，选择路径为 MICROBIT。稍等几秒，下载就完成了。让 microt:bit 执行程序不需要单击任何按钮，只要它连接着电源，就会自动执行它保存的 .hex 程序。

3. 当需要显示自定义图形时，可以使用_____块，对每一个单独的 LED 灯管进行编辑；如果需要显示文字、标点符号或者数字组合，则应该选择_____块。Basic 模块类中，还提供了一种预先定义好的图形显示块，可以显示爱心、笑脸等预先设定好的图形，这个代码块叫做_____块。

提 示

第 3 个代码块本章并未提及，请你仔细搜索 Basic 模块类，勇敢尝试拖曳不同的代码块到 forever 块下，通过查看模拟器的显示结果努力找到正确答案吧。

4. 老师所做的闪烁桃心失灵了，难道是出现了 bug？快点来帮老师找出问题，排除 bug 吧（检查下面的代码块，用笔圈出你认为错误的地方，给出修改建议）。

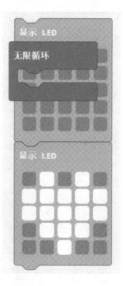

5. 在 Basic 工具类里存在一个代码块可以完全替代空白的 show leds 块，你能通过代码块的英文提示找到它吗？

6. 使用 on start 块和 show leds 块编写一组代码。模仿一个亮光，从左上角起始，滑过显示屏并经过中心点后从右下角滑出。

第 5 章

表情按钮

本章知识概要

① 事件、监听器和处理器：像哨兵一样工作的 microt:bit；

② on button pressed 块：事件处理器；

③ Input 工具栏；

④ 参数。

　　通过上一章的学习，我们已经掌握了如何使用 show leds 显示出想要图案的方法，show leds 块非常重要，你可以在本书的大部分章节中看到 show leds 块的身影。本章中，我们将使用 show icon 块让 microt:bit 展示笑脸和悲伤脸图案；我们还会学习如何和 microt:bit 上的两个输入元件（按钮 A 和按钮 B）互动。

5.1 事件与监听器

5.1.1 像哨兵一样的 microt:bit

为了更好地研究与理解，老师准备了一个程序（第 5 课补充代码的网盘获取地址为 https://pan.baidu.com/s/1IQHg_5rzWZvyZVbY5sdYHg，提取码为 znwm），你可以把它下载到 microt:bit 上。当你下载好程序后，会发现屏幕上没有任何显示，这很正常，因为 on start 块下没有放置任何代码。那么，如何得知 microt:bit 有没有很好地理解老师的代码呢？我们可以试试按下按钮 A，microt:bit 应该会立刻显示字母 A。很好！我们知道了 microt:bit 并没有坏掉。但是为什么 show leds 块没有在程序刚刚下载好的时候就发挥作用呢？这是因为，我们把 show leds 块放到了 on button pressed 块里面。当代码下载好以后，microt:bit 便一直在一旁默默等待，等待我们按下按钮。此时的 microt:bit 更像一个哨兵，监听着周围的一举一动，时刻保持专注，当我们按下按钮 A 时，microt:bit 会监听到这一变化，迅速找到按钮 A 对应的程序——显示笑脸。

JavaScript Blocks 语言的 Input 模块组（图 5.1）中就有这么一个专门用来监听按钮的块——on button pressed 块。on button pressed 块的形状与 on Start 和 on forever 块相仿，不同之处在于 input 类下的所有底纹均使用紫罗兰色（深紫色），这与 basic 类的天蓝色要区分开来。在使用代码块时，你无须特意留意模块的颜色，但是要确保你的代码块名字和模块之间的嵌套关系与图例一致。

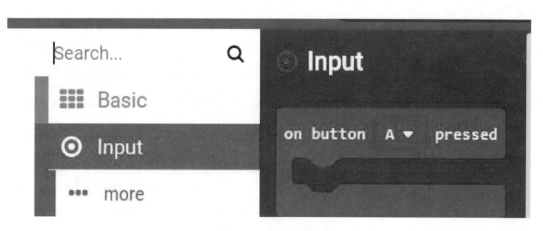

图 5.1　Input 模块组

注 意

on buttong pressed 块上还有一个下拉菜单，当代码块被拖曳到工作区后，我们可以从 'A' 'B' 和 'A+B' 中选择一个按钮进行监听。如果要同时监听按钮 A 和按钮 B，则需要两个 on button pressed 块。

知识点

● 事件处理器：用户对 microt:bit 组件的一个操作（例如按下按钮、摇晃 microt:bit），称之为一个"事件"。microt:bit 里的元件会对事件做出反应，比如记录被按下的是哪个按钮，以及是否发生了晃动。当事件发生时，比如按钮 A 被按下时，对应的监听器就会被触发，监听器下的代码将会被执行。

● regsiter（事件注册）：在计算机领域，当软件开发工程师需要在代码中设置一个监听器时，我们称这样的动作为"事件注册"。例如，在今后的学习中，如果你需要在代码中放置一个 on button pressed 监听器来监听事件"按钮 A 被按下"，请尝试使用专业术语："我需要注册一个事件监听器，来监听按钮 A 被按下这一事件"。

5.1.2 input 输入工具类

输入工具类（Input，如图 5.2 所示）里是各种各样针对输入元件设计的程序块。我们前面学习的 on button pressed 块可以处理通过按钮传输到程序的输入信号，分辨出用户按下的是哪个按钮，进而根据代码块执行程序。在第 1 章中，我们介绍了很多 microt:bit 的输入元件，对于其中的大多数组组件，你都可以在 input 工具类下找到它们对应的接收指令块。在本书后面的章节中我们也会详细介绍其中的一部分，当然，学生自行尝试新代码也是被鼓励的。如果你在使用这些代码块的时候遇到问题，可以在附录 A 中得到指引，那里罗列了详尽的代码说明和使用指南。

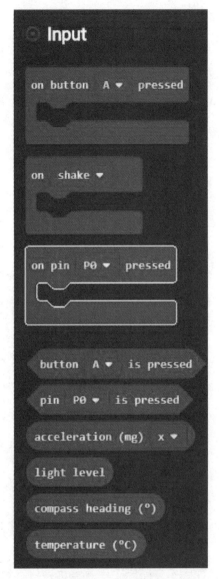

图 5.2　Input 工具栏

5.2　编写"表情按钮"项目代码

首先，我们要新建一个 Project，更改名称为 SmileyButton（表情按钮）。

第 1 步：设置 on button A pressed 块。

放置一个 on button pressed 块到编码区。单击白色小三角，选择 A。此时，镶

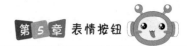

嵌在 on button pressed 块下方的代码块，只有在按下按钮 A 时才会被触发执行。

 知识点

设置参数。在 JavaScript Blocks 语言中，有很多代码块会带有可编辑的参数区域。如图 5.3 所示为 on button pressed 块的参数区域，我们可以很清晰地看到，这个位置的参数一共有 3 个选项，分别是 A、B 和 A+B。不同的参数会使得代码块达到不同的效果。以 on button pressed 块为例，设置参数为 B 时，代码只会对按钮 B 按下做响应，而不会处理按钮 A 被按下或者按钮 A 和 B 同时被按下这两个事件。

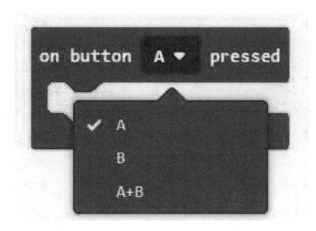

图 5.3　选择 on button pressed 块的参数

第 2 步：添加笑脸图形。

放置一个 show icon 块在 on button pressed 里面并选择笑脸形状。没找到 show icon 块在哪里？这里有一个小提示：show icon 块和 show led 块底纹颜色一致。最后完成的代码如图 5.4 所示。

第 3 步：设置按钮 B 的监听器。

我们现在已经完成了对事件（按下按钮 A）的监听，现在仿照前两步，从 Input 工具类中拖曳一个新的 on button pressed 块到工作区，并设置参数为 B，最后镶嵌一个表示悲伤脸的 show icon 块（如图 5.5 所示），本章的代码就完成了。

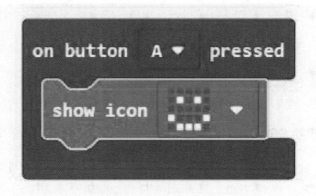

图 5.4　第 2 步完成的代码

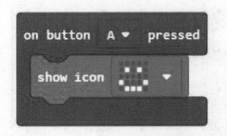 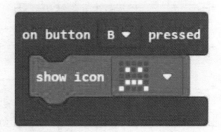

图 5.5　最后完成的代码示例

第 4 步：下载代码到 microt:bit 上。

单击 Download 按钮，把代码 microbit-SmileyButton.hex 下载到你的 microt:bit 上。

 提　示

我们已经完成了"表情按钮"程序的开发，之后按下按钮 A，microt:bit 应该会展示笑脸图案；随后按下按钮 B，悲伤图案被展示；当没有按钮被按下时，显示屏不显示任何信息。测试一下程序是否运转正常。

5.3　小结

本章我们学习了如何使用 on button pressed 块对按钮按下的事件进行监听。同时，我们还使用了另一组新的模块（show icon）展示图形。使用 show icon 块展示图形将会比 show led 块更便捷、方便，后面的章节中我们也会尽量多使用 show icon 块代替 show led 块，当 show icon 块无法满足我们对图形形状的要求时，随时可以再次启用 show leds 块。

5.4　练习题

1. 在计算机领域中，像按钮被按下这类操作会被称为_____，对这些操作进行处理的代码则称做_____器。

2. on button pressed 块一次只能定义为一个按钮的事件处理器，如果要同时准备监听 A、B 两个按钮，则需要编写两个 on button pressed 块，分别使用选项 A、B 定义按钮 A 被按下和按钮 B 被按下两个事件所要执行的动作。这个说法正确吗？

3. 在计算机领域中，当软件开发工程师需要在代码中设置一个监听器时，我们称这样的动作为_____。

4. 表情按钮项目与之前几个项目的不同之处在于，因为没有 on start 块和 forever 块，程序在下载到 microt:bit 上后没有立即执行的代码。尝试改写前几章中的代码，让代码通过按钮触发，避免立即执行。

5. 事实上，除了可以分别为按钮 A 和 B 设置显示图案外，也可以设置 A+B 的组合按钮。编写代码，当 A+B 同时被按下时，使 microt:bit 展示 asleep 表情。

6. 除了 on button pressed 块外，JavaScript Blocks 还集成了多种事件监听器，找一找工具栏中还有哪些监听器，并猜一猜，哪些事件才会触发它们？

第 6 章
数字生成器

本章知识概要

① on pin pressed 块：引脚事件处理器；

② show number 块：在显示屏上显示数字；

③ pick random 块：随机生成数字。

　　本章我们将会学习制作一款数字生成器程序，当特定事件被触发时，屏幕上会随机显示一个数字。和表情按钮类似，数字生成器程序也使用了事件监听功能，不同的是这次我们不再监听按钮按下事件，而是监听 on pin pressed（引脚被按下）事件。

想一想

随机，听起来感觉是非常简单的一个概念，可是却并不容易实现。在生活中可以通过投骰子来制造随机场景，但是一直以来计算机都是遵循人类的指示运行的，我们也无法在计算机内放置一个骰子。那么，如何让计算机也能随机输出意想不到的数字呢？本章中你将找到这个问题的答案。

6.1 认识引脚

6.1.1 什么是引脚

和按钮一样，引脚也是一个位于 microt:bit 正面的输入元件（input device）和输出元件（output device），它们位于屏幕的正下方，如图 6.1 所示。如果单数带有标识的大引脚，你可能会错误地认为 microt:bit 只有 5 个引脚，事实上，包括 5 个标记明显的大引脚在内，microt:bit 还有 15 个小引脚，它们整齐地分布在大引脚两旁。在 5 个大引脚中，0 号、1 号和 2 号引脚主要起到输入和输出的作用，3V 和 GND 引脚则能为电路提供电源和接地。本章我们只学习如何触发 3 个输入、输出引脚（Input-Output Pin），对于引脚的其他应用，将会在后面的章节中再详细讲述。

图 6.1 为了方便扩展，引脚被设计在 microt:bit 的正下方

> **知识点**
>
> 引脚（Pin）是一个技术术语，它指的不仅仅是连接本身，还包括与处理器的连接。而正是与处理器的连接，才能使引脚事件被 microt:bit 响应。microt:bit 拥有 3 个输出引脚，一个 3V 电源引脚，一个 GND 接地引脚，以及 20 个小引脚，共计 25 个引脚。要使用，输入和输出引脚，我们需要使用导体，将电流从引脚处引导到 GND 引脚，而小引脚则需要借助扩展板。

6.1.2 显示数字

我们在前文中已经学习了在 microt:bit 显示屏上展示字符串的方法，下面学习如何展示数字。从指令工具栏中找到 Basic 模块组，组别中的第一个代码块就是我们需要使用的显示数字（show number）代码块，如图 6.2 所示。将 show number 拖曳到 on start 块或者 forever 块内，然后输入想要显示的数字，microt:bit 模拟器就会将数字展示在显示屏上了。是不是很简单呢？

图 6.2 显示数字代码块

show number 块只允许输入数字。强行输入字母或者标点符号到 show number 块后方,只会造成编码错误(syntax error)。如图 6.3 就是一个简单的错误使用 show number 块的例子。

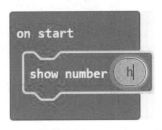

图 6.3　错误使用 show number 块

6.1.3　生成随机数字

随机的英文是 random。在 JavaScript Blocks 语言中,生成随机数字的代码块 pick random to 块属于深紫色的 Math 模块组,如图 6.4 所示。使用它需要填入两个数字作为参数,前者表示能够获得的最小数,后者表示能够获得的最大数。例如,如果更改 pick random to 块里的参数分别为 0 和 100,再把 pick random to 块镶嵌入 show number 块。此时,单击重启模拟器按钮,将会看到显示屏随机展示了一个 0~100 区间的数字。

知识点

● pick random to 块属于 Math 类的代码块,Math 类下的代码块统一使用深紫色底纹,模块中有两个椭圆形的参数区域,用于设置数字类型的参数。第一个参数规定了随机生成数字的最小值,第二个参数规定了随机生成数字的最大值。

● 参数(parameter):像 pick random to 块中,椭圆形可以自由修改的区域我们称之为参数。参数虽然可以被修改,但并不代表它可以接受任何值,比如 show number 块后方的参数只能是数字,强行输入字符串会被 show number 块拒绝。

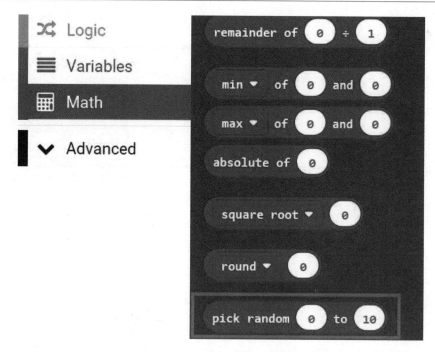

图 6.4　pick random to 块

让计算机生成随机数字通常有两种做法，称为真随机和伪随机。真随机就像我们掷骰子一样，通过让计算机检测外部发生的某种随机物理现象来获得随机数。例如，测量某个原子的放射性衰变，根据量子理论，原子衰变是随机不可预测的。显然 microt:bit 不是一个可以测量原子衰变的精密仪器。因此，microt:bit 和大多数计算机一样，选择了第二种，也就是伪随机的办法来制造随机数。伪随机数来自于计算机软件自身，它是一组非常长的数组，称为种子数值。每次需要随机数的时候，计算机就取来这组数值的下一个数。因为 microt:bit 的使用者看不到这组数字，而且这组数值也足够长，保证不会重复，在使用者看来就像是计算机随机生成的一样。

6.2　编写"数字生成器"项目代码

新建一个新项目，更改项目名称为 ARandomNumber（数字生成器）。

第 1 步：准备监听器。

从 Input 模块类下找到 on pin pressed 块，单击白色的小三角按钮，在下拉选项中选择 P0，这样我们就完成了对"0号"引脚的监听，如图 6.5 所示。接下来，我们还需要定义当事件被触发时执行的代码。

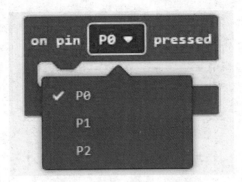

图 6.5　第 1 步完成后的代码

第 2 步：拖曳数字显示块。

从 Basic 模块类中找到 show number 块，拖曳到 on pin pressed 块下方，如图 6.6 所示。

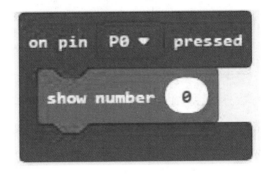

图 6.6　第 2 步完成的代码

提 示

show number 块里有一个椭圆形状的白底区域（参数），里面的默认数字是 0。此时，单击模拟器的 0 号引脚，你会看到数字 0 被显示在了屏幕上（见图 6.7），把 show number 块里的数字改成 99。回到模拟器，单击重启，然后再次单击 0 号引脚，你会看到数字 99 滚动出现在了屏幕上。

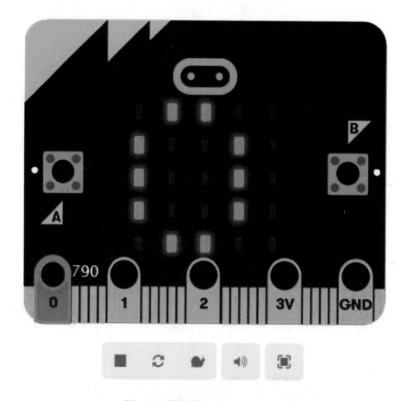

图 6.7　模拟器上触发 0 号引脚

第 3 步：生成随机数字。

　　从 Math 模块组中找到并拖曳 pick random to 块到 show number 后的椭圆形参数区域，你会看到 pick random to 块被完美地镶嵌了进去，原来的 show number 后的数字也自然而然地不见了。接下来，将最小值参数设置为 0，最大值参数设置为 100，如图 6.8 所示。

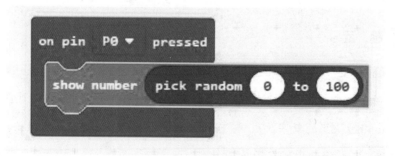

图 6.8　第 3 步完成的代码

第 4 步：设置一个开机启动界面步。

最后，我们要为程序加上一个图标，表示程序已经开始运行，随时可以生成随机数。将 show icon 块拖曳到 forever 块下方，设置图案为"对勾"，如图 6.9 所示。

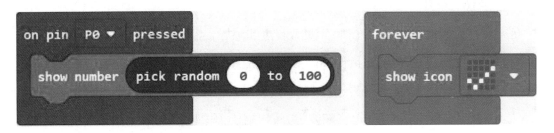

图 6.9　"数字生成器"的最终代码

第 5 步：下载测试代码。

单击 Download 按钮，把代码 microbit-a-random-number.hex 下载到你的 microt:bit 上。一根手指按下 0 号引脚，同时另一跟手指按下 GND 引脚，你应该能看到随机生成的数字展示在屏幕上。

6.3　小结

本章我们学习了 on pin pressed 块、pick random to 块和 show number 的使用，以及计算机是如何生成随机数字的。生成随机数非常有用，应用场景十分丰富，一定要熟练掌握。例如，在第 9 章的"石头剪刀布"项目中，我们就会使用随机生成的数字来决定 microt:bit 的"出拳"。

6.4　练习题

1. 今天我们接触到了两个可以手动输入参数的代码块，分别是＿＿＿＿块和＿＿＿＿块。它们的参数类型一样，都是＿＿＿＿类型。这一类型的值在 JavaScript Blocks 图形化编程语言中用椭圆形来表示。

2. 当 pick random to 块的参数分别为 0 和 10 时，屏幕上会循环显示不同的数字，但是这不包括 0 和 10 自身。这个说法正确吗？

3. microt:bit 上的元件有输入和输出的区别，而根据 JavaScript Blocks 代码块是对哪一个元件发出指令来判断，我们可以为代码块做类似的输入、输出代码分类。请将下列代码块区分开：

show number 块、show string 块、on button pressed 块和 on pin pressed 块。

4. 请简单阐述一下两种可以让计算机生成随机数的方法。

5. "数字生成器"项目还存在一个缺陷，那就是当生成的是两位数或者 100 时，滚动显示对勾图案和数字会非常影响体验，请提出代码的优化方案，让图案和数字能区分开。

6. 果壳儿想要和大家一起玩飞行棋游戏，但是游戏使用的骰子不小心被弄丢了，你能够使用所学的知识，把 microt:bit 变成一个骰子吗？请开始动手编写代码吧！

提　示

　　骰子的核心功能是能够随机产生 1、2、3、4、5、6 之中的一个数，而不是能够滚动。所以，我们可以使用 on button pressed 块来替代骰子的滚动行为，当按钮按下，事件被触发时，让 microt:bit 随机生成 1~6 的数字，就足以完成我们的需求了。

microt:bit 计数器

本章知识概要

① 变量：保存重要信息的文件包；

② change…by 块：改变数字变量；

③ set…to 块：设置变量的值。

本章我们将学习计算机中的一个常用名词变量。我们会用到 Variables 模块组下的 change…by 块和 set…to 块来操控变量。掌握了使用变量存储数值的技巧后，我们就可以设计一款简单的 microt:bit 计数器了。

7.1 Variables 模块组

7.1.1 变量

在讲解 Variables 模块组之前，首先要了解变量的概念。变量（Variable），顾名思义就是一个可以改变的值。它就像是一个公文包，一个变量里存放一个值，它可以是数字，也可以是字符串，甚至是一个布尔值。要使用变量块，需要通过单击 Make a Variable…选项给变量起个名字，我们把这一步骤叫做声明变量，如图 7.1 所示。为了在代码块中区分变量和指令，编程爱好者们约定使用"驼峰命名法"来为新变量命名。

注 意

当你第一次点开变量工具类时，多半会有些惊讶或者感觉到一些异样。不同于其他工具类，变量工具类里非常"干净"。要使用变量工具类，首先需要单击 Make a Variables 生成一个。生成变量的过程很简单，只需要给变量取一个名字即可，例如 myFirstVariable。

图 7.1 声明一个叫做 myFirstVariable 的变量

在顺利声明变量之后，你将获得 3 个新的语句块：变量块、set…to 块和 change…by 块，如图 7.2 所示。要使用它，首先需要使用 set…to 块，为变量 myFirstVariable 赋值，然后拖曳变量块到需要使用的地方即可。如果在代码运行过程中需要改变变量的值，可以再次使用 set…to 块。change…by 块可以将变量的值增加特定的大小，详见 7.2 节的第 2 步。

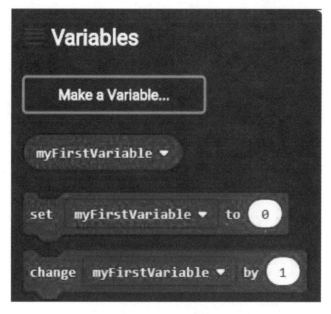

图 7.2　声明变量后获得的代码块

 知识点

驼峰命名法 Camel-Case，是计算机编程时的一种通用命名惯例。当变量或者函数名是由一个或多个单词连接在一起时，第一个单词以小写字母开始，之后的单词首字母大写的形式连接，中间没有下划线或者其他符号。

7.1.2　使用变量

以本章的 microt:bit 计数器项目为例，我们需要使用变量存储信息的能力来存储数值。通过 on button pressed 块和 change…by 块的配合，让变量记录我们按下计数按钮的次数。再通过 on button pressed 块和 set…to 块的配合，设计一个允许反复利用变量的重置按钮。需要注意的是，直接使用 Make a Variable 声明的变量只能用来存储数值类型的信息，但是这并非表示变量不能用来存储字符串和其他类型。在之后的章节中，我们将学习如何使用变量存储字符串。

7.2 编写"计数器"项目代码

创建一个新项目并起名为 CountingMachine（计数器），用于存储本节的代码块。

第 1 步：创建 motion 变量。

单击 Variables 模块组中的 Make a Variable，输入变量名 count。拖曳 set…
to 块到 on start 块内，并设置参数 count 和 0（通常情况下，这也是默认参数）。接下
来从 Basic 模块组中拖曳 show number 块到 set…to 块下方。最后，把 count 变量从
Variables 模块组拖曳到工作区的 show number 块内，完成效果如图 7.3 所示。

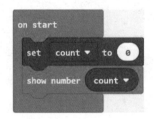

图 7.3　第 1 步完成后的代码

> **注　意**
>
> 像这样在 on start 块内创建一个变量并设置默认值的操作，一般叫做初始化。

第 2 步：设置计数按钮。

从 Input 工具栏拖曳 on button pressed 块到工作区，设置参数为 A。将
change…by 块和 show number 块镶嵌到 on button pressed 块内，参数设置如图 7.4
所示。这一组代码完成后，就可以通过按钮 A 来增加 count 变量里保存的数字了。单击
模拟器的重置按钮后，单击程序按钮 A，注意观察显示屏的显示读数是否正常。

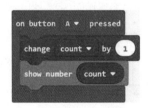

图 7.4　第 2 步完成的代码

注 意

现在我们的 microt:bit 已经可以记录数了，但是如果一次记录结束了，除了单击重置按钮，microt:bit 还无法重新开始计数。为此需要设计一个重置按钮，来允许 microt:bit 的复用。

第 3 步：设置重置按钮。

从 Input 工具栏中拖曳一个新的 on button pressed 块到工作区，设置参数为 B。镶嵌 set…to 块和 show number 块到新的 on button pressed 块内，最后的效果如图 7.5 所示。

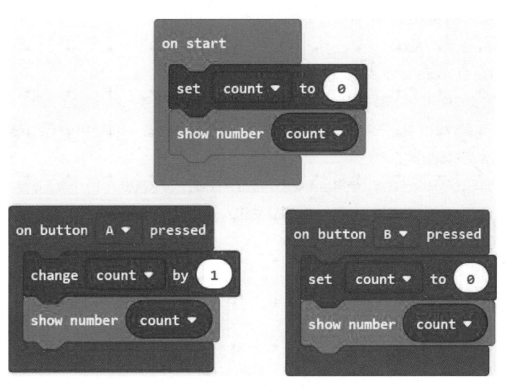

图 7.5 "计数器"项目的代码

第 4 步：在 microt:bit 上测试代码。

下载代码到 microt:bit 上，分别单击按钮 A 和按钮 B，看看 microt:bit 是否如你所愿那般运行吧。

7.3   小结

怎么样？是不是很轻松地就完成了本章的学习？本章中涉及的是对变量的最基础用法：set…to 块和 change…by 块。通过本章的学习，希望同学们可以熟练掌握 JavaScript Blocks 中变量的命名、使用及赋值方法。

7.4   练习题

1. 要使用变量块，首先需要通过单击 Make a Variable.. 选项给变量起个名字，我们把这一步骤叫做_____。

2. 请说明下列变量，哪一个符合驼峰命名法。

    A. a_red_apple   B. ANGRYbird

    C. aProgramingLanguage   D. 前面三个都不是

3. 变量不仅可以存储数值类型，还可以存储字符串类型的信息。这个说法正确吗？

4. 到目前为止，我们已经可以实现变量的递增和重置，想一想，如何使用现有的代码块实现递减操作呢？

5. 编写代码升级计数器，使得当用户按下按钮 A+B 时，可以直接记 10 个数而不是 1。

6. 编写代码升级计数器，使得当用户按下按钮 A+B 时，计数器计数减 1。

抛硬币模拟器

本章知识概要

① 布尔类型：只有两个值的信息类型；

② pick random true or false 块：随机生成布尔值；

③ Logic 模块组的 if…then…else 块：代码的岔路口。

　　本章我们需要设计一个硬币投掷装置。通过前面几章的学习，我们已经掌握了如何用 random 语句制造随机事件。本章我们会学习一个十分方便的值类型，以及如何通过 Logic 模块组的判断语句实现根据随机值显示图形。

8.1 认识布尔类型和语句块

8.1.1 布尔类型

简单来说，布尔类型就是一种数据类型。还记得我们已经接触过的两种数据类型吗？没错，它们是数值类型和字符串类型。而布尔值是我们要学习的第三种数据类型，它最大的特点就是所包含的值很少，少到只有两个值，其中一个值叫做 true（真）值，另一个叫做 false（假）值。

仔细回想一下我们是如何使用 pick random to 块的。当我们需要程序在多个情况随机的数值中选择一个的时候，比如在掷骰子的例子中，需要从 6 个数字中随机选择一个，就可以使用 pick random to 块，定义最小值为 1，最大值为 6。在有些场景中，情况并没有这么复杂。比如在掷硬币的例子中，只有"正面朝上"和"正面朝下"这两种情况。此时，使用布尔值记录随机结果就比使用数字来记录要恰当多了。

知识点

布尔值在 JavaScript Blocks 编程语句中是一个深青色六边形的语句，它只有两个值，即 True（对 / 真）和 False（错 / 假），也称为布尔值。布尔值的出现通常是伴随着 Logic 模块组的 if then else 块的使用，用以告诉 if then else 块，条件语句的校验是否通过。

8.1.2 条件语句块

在 Logic（逻辑）模块组下有一组 Conditionals（条件）语句块，如图 8.1 所示。条件语句块最大的特点是其中包含一个六边形的布尔类型条件，有了条件，逻辑语句块就可以决定它下方的代码是否可以执行。以 if then else 块为例，它有两个凹槽可以镶嵌代码，当布尔值设为 true 时，上方槽位的代码会被执行，下方被无情跳过（代码一旦被跳过就不会被执行，除非再次使用 if then else 块，也就是说除非有 forever 块的帮助）。条件语句中的布尔值有时仅仅是一个简单的布尔类型数据，有时可能是冗长的逻辑判断判断句，复杂到让你抓狂。

知识点

条件（conditionals）语句属于 Logic（逻辑）工具类中的一种。镶嵌在条件语句块下，then 之后的的代码块只有在条件通过时才会被执行。如果判断条件没有通过，则通常情况下不会执行任何代码。

反向条件（opposite condition）语句属于 Logic（逻辑）工具类中的一种。只有在条件语句块没有通过时，else 下方的的代码块才会被执行。这一逻辑恰恰跟条件语句块相仿，所以又叫做反向条件语句。

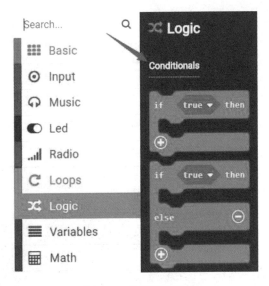

图 8.1　条件语句块

注　意

图 8.2 中有一个简单的 if…then…else 语句块的应用，布尔值使用了一个简单判断语句，校验 point 变量是否大于等于 10。例子中因为变量 point 的数值小于 10，所以笑脸按钮不会显示在屏幕上。

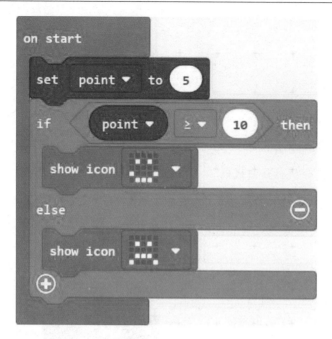

图 8.2　一个简单的 if…then…else 语句块应用

8.1.3　pick random true or false 块

有了之前的知识作为铺垫，我们就可以很容易地理解 pick random true or false 块了。pick random true or false 块位于 Math 模块组的最下方（见图 8.3），当生效后，代码块会随机生成一个真布尔值或者一个伪布尔值，就好像抛掷一枚硬币一样。

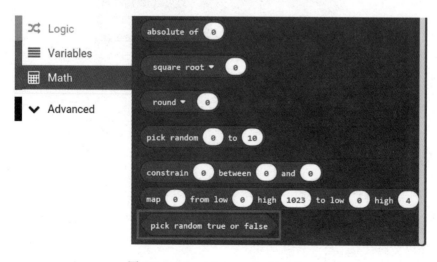

图 8.3　pick random true or false 块

8.2 编写"抛硬币模拟器"项目代码

首先，我们要新建一个 Project（项目），更改名称为 TossACoin（抛硬币模拟器）。

第 1 步：设计硬币。

我们需要定义硬币的正面和反面图案，使用 show icon 块的骷髅头和大方块作为硬币的正面和反面图形，如图 8.4 所示。

图 8.4　硬币图案

第 2 步：设置按钮监听器。

拖曳一个 on button pressed 块到工作区，设置下拉框选项为 A，如图 8.3 所示。

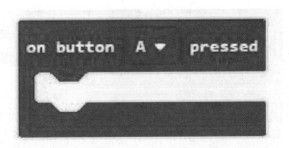

图 8.5　准备好的 on button pressed 块和 show icon 块

第 3 步：放置 Logic 类 Conditionals 块。

从 Logic 模块组找到 if then else 块并镶嵌到 on button pressed 块内，随后拖动两个准备好的 show icon 块到对应位置，如图 8.6 所示。

第 4 步：设置条件语句。

将 Math 工具 pick random true or false 块镶嵌到 if 后面的六边形条件参数中去，最后形成的代码如图 8.7 所示。

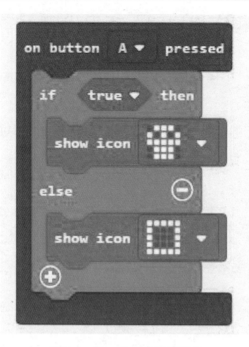

图 8.6　第 3 步完成的代码块

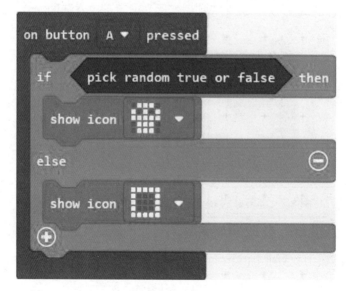

图 8.7　第 4 步完成的代码

第 5 步：设计开机画面。

最后，使用 show string 块，为我们的程序设计一个简单的开机滚动字幕 Toss a coin!。完成的代码如图 8.8 所示。

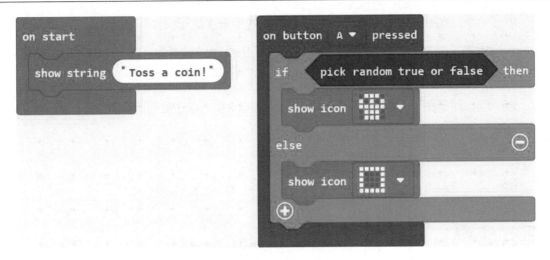

图 8.8　第 5 步完成的代码

第 6 步：下载并测试代码。

单击 Download 按钮，把代码下载到你的 microt:bit 上。多次单击 button A（每次单击之前间隔几秒钟，好让程序展示完图形），测试一下硬币的两个面是否会随机展示出来。

8.3　小结

如果你顺利完成了这个复杂的程序，那么我就要对你刮目相看了。快把自己的作品展示给爸爸和妈妈吧，当他们看到你写出的"伟大"代码时，也一定会为你感到骄傲的！逻辑判断是编写代码的核心技能，在学习计算机语言的时候都应该熟练掌握此类语句的编写规范。在下一章中，我们将学习与变量（Variables）工具类相关的语句块。

8.4　练习题

1. _____是一种数据类型，它只有两个值，其中一个值叫做 true（真）值，另一个叫做 false（假）值。在 JavaScript Blocks 图形化编程语言中，通常以_____形状体现。

2. If…then…else 块，可以通过判断语句的真伪值来决定哪块代码会被执行。当判断语句结果为_____时，then 下方的语句会被执行。当结果为_____时，then 下方的代码会被跳过，else 下方的代码开始执行。

3. 连一连，对于图形化编程语言 JavaScript Blocks，代码块的形状往往透露出了大量信息。你能够理解图形的隐含信息吗？

圆形	数字或者是字符串
凹槽	需要填充代码块
六边形	需要选择参数
带小三角的长方形	变量
长方形	填写布尔值

4. 尝试编写如图 8.9 所示的条件语句。

图 8.9　条件语句示例图

5. 有用户反映按下按钮 A 后直接显示正反面有些突兀，我们需要优化程序，让用户单击按钮后，先看到 3、2、1 倒计时的动画后，再看到正反面结果。

第 9 章

石头剪刀布

本章知识概要

① on shake 块：晃动监听器；

② 变量块的妙用：在程序中传递数值；

③ Comparison 指令块：判断数值是否满足执行条件。

本章中我们学习一个新的指令块，它可以监听 microt:bit 的振动事件，它就是 on shake 块。我们的目的是制作一个 microt:bit 可以与小伙伴一起玩 "石头剪刀布" 小游戏。当我们晃动 microt:bit 时，microt:bit 显示器会随机展示石头、剪刀或者布的图形。

9.1 Variables 与 if…then…else if…else 块

9.1.1 if…then…else if…else 块

如果我直接要求你找出 if…then…else if…else 块并拖曳到工作区，你可能会说指令块工具栏中根本就没有 if…then…else if…else 块。然而，if…then…else if…else 块确实存在，只不过要想得到它，需要首先将 if…then…else 块拖曳到工作区，然后单击 else 下方的加号。此时，代码块的形状发生了改变，原先的两个凹槽变成了 3 个，条件也从原先的一个变成了两个，如图 9.1 所示。

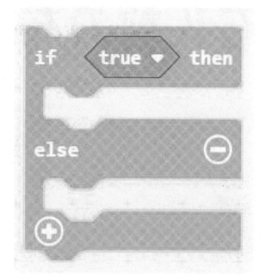 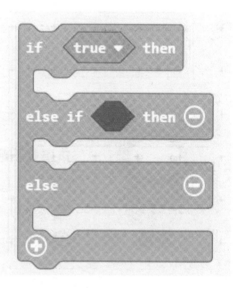

图 9.1 if…then…else 块和 if…then…else if…then…else 块

注　意

对于有多个判断语句的逻辑语句块，我们需要知道，一旦有一天判断语句返回了真值，那么就会执行它下方的语句块。相对应的，一旦有代码块被执行，剩下的语句块都会被跳过。这一概念需要我们通过完成本章的练习来加强理解。

9.1.2　Comparison 块和变量块

Logic 工具类下的 Comparison 块（见图 9.2）最常见的应用场景就是构筑条件语句。第 8 章的练习题第 4 题中，我们就需要使用 Comparison 块来完成代码的拼接。它的逻辑也很简单，如果等式或者不等式成立，则整个六边形的 Comparison 会作为一个真值，否则为伪值。例如，"一年的月份数量 =12" 和 "3<5" 都会返回真值，而 "3=5" 和 "10<15" 则会返回伪值。我们可以通过判断 "变量 =3" 的布尔值，来获得变量的值。如果返回值为真，那么变量当前的数值为 3。

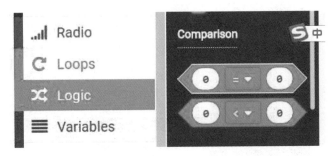

图 9.2　Comparison 块在工具栏中的位置

9.2　编写"石头剪刀布"项目代码

首先，我们要新建一个项目，更改名称为 Rock Scissors Paper（石头剪刀布）。

第 1 步：生成变量 briefcase。

单击 Varaibles 类的 make a variable 选项，输入变量名 briefcase，拖曳新生成的 set briefcase to 块到工作区，如图 9.3 所示。

图 9.3　声明 briefcase 变量

第 2 步：使用 pick random to 块为变量赋值。

拖曳 pick random to 块替换数字 0，并调整最小值参数为 0，最大值参数为 2，完成的代码如图 9.4 所示。

图 9.4　第 2 步完成的代码

第 3 步：将随机生成的代码嵌套进 on shake 块中。

从 Input 模块组中找到 on shake 块，拖曳到工作区，并将之前写好的代码放入振动处理器执行，如图 9.5 所示。

图 9.5　第 3 步完成的代码

第 4 步：中途测试。

我们的代码已经完成了一些基本功能，现在是时间去测试一下代码功能了。放置一个 show number 块到 set to 块下方，并拖曳 briefcase 变量到后方作为参数，如图 9.6 所示。将光标移到模拟器上进行左右移动，应该会看到模拟器的晃动，以及屏幕上显示出的数字。如果 0、1 和 2 三个数字均能随机出现在显示屏上，则说明代码生成随机变量的功能是运转正常的。测试完成后，请务必删除 show number 块。

图 9.6　编写测试用的 show number 块

第5步：放置条件语句。

放置一个 if…then…else if…else 块到 set…to 块下方，并给石头、剪刀、布分别设计一个显示图案嵌套进条件语句中。提示：当需要多个同名代码块时，可以右击需要复制的代码块，然后选择 duplicate，此时工作区中就会出现一个代码块的复制品，这样就不用一次一次地从工具栏中拖曳出来了。最后完成的代码如图 9.7 所示。

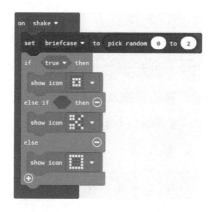

图 9.7　第 5 步完成的代码

第6步：添加条件。

对于 if…then…else if…then…else 块的第一个判断语句，首先从 Logic 模块组拖曳等号 comparison 块到六边形处，然后拖曳一个 briefcase 变量块到等号左边。第二个判断语句的拖曳方向和第一个判断语句相同，但是等号后的数字需要改成 1。最后完成的代码如图 9.8 所示。

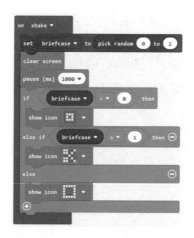

图 9.8　项目完成的代码

第 7 步：下载并测试。

我们已经完成了"石头剪刀布"程序的开发。单击 Download 按钮，把代码下载到你的 microt:bit 上，晃动 microt:bit 与小伙伴一起游戏吧。

9.3 小结

结束本章节的学习后，你应该对使用逻辑语句块和变量语句块更加游刃有余了吧。本章中第一次引入了条件语句块，在大型项目的开发过程中，逻辑语句块、变量语句块和条件语句块常常会一起使用，熟练掌握本章所学内容，将为你的 microt:bit 工程师之路打下坚实的基础！

9.4 练习题

1. 要获得 if…then…else if…then…else 块，需要把_____块拖曳到工作区，然后单击下方的_____按钮。

2. Comparison 块通过比较等式或者不等式两侧的值，来给程序返回一个_____类型的值。

3. "石头剪刀布"程序中，如果最后显示的数值是"布"，那么 briefcase 变量应该存储的数值是_____。

   A. 0   B. 1   C. 2   D. true

4. 通过用户反馈，microt:bit 对于晃动的反馈速度过快，导致很多时候玩家根本看不清晃动 microt:bit 获得的图形。你能够通过代码优化，让晃动 1 秒之后再出现对应的石头、剪刀或布的图形吗？

提 示

暂停代码块还没有学过，但是你可以通过代码上的英文单词含义来找到能够实现停顿的代码块。

5. 下面是一个同学完成的"石头剪刀布"项目（见图9.9），请指出程序在哪里出了差错，这个差错会造成什么后果？

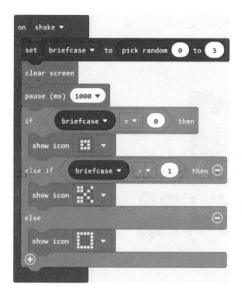

图 9.9　习题示例图

6. 在学习编程语言的过程中，我们会发现很多代码有相仿的逻辑，有的时候通过不同的代码块可以完成相同的任务。

 做一做

　　想办法使用 pick random to 块替换上一章 Toss a coin 程序中的 pick random true or false 块，巧妙地重构代码，完成掷硬币模拟器项目。

提　示

　　你会发现 pick random to 块的形状与 if…then…else 块的形状不匹配。那是因为，if…then…else 块需要布尔类型的参数作为条件，而 pick random to 块只能得到数值类型的参数。此时我们需要 Logic 类下的 comparsion 块的帮助。

第 10 章

温度模拟器

本章知识概要

① 使用变量记录状态；

② Comparison 块：大于和小于。

本章我们将会学习使用更多的变量块和 Logic 模块组来模拟温度变化对物体状态的影响。希望通过这个小项目，让同学们有更多的机会熟练地掌握变量块和逻辑模块组的使用。

10.1　默认值

在日常生活中，我们买到新计算机或者游戏机时，会遇到系统的日期显示为 2000 年 1 月 1 日，或者 2000-01-01 的情况。通常情况下，这些日期并没有什么含义，它既不代表设备的生产日期，也不是设计师的生日或者幸运数字，它只是一个日期变量的默认初始值罢了。

在 JavaScript Blocks 语言中，每当声明一个变量时，系统都会在后台悄悄地使用 set to 块将变量的值设为 0，我们称这一数值为变量的默认值。你可以试一试不使用 set to 块声明，而直接使用 show number 块展示新创建的变量。

知识点：默认值（default value）是计算机科学中的常用术语，是指一个属性、参数在被赋初值之前编译器自动赋予的值。因此如果不在 on start 块中声明变量，变量也会有默认值，只是这样编写代码并不规范，也不利于理解。

在"温度模拟器"项目中，我们定义了两个变量 temperature 和 atomTemperature，并初始化值为 100。atomTemperature 变量表示模拟场景中的环境温度，我们可以通过触发 on pin pressed 块改变它。temperature 变量表示被测物体的温度，它会自动向当前的环境温度靠近。模拟器会根据被测物体的当前温度实时显示被测物体属于三态（固态、液态、气态）中的哪一种状态。

10.2　编写"温度模拟器"项目代码

新建一个 .hex 项目，命名为 StateOfMatter，用于保存我们的温度模拟器。

第 1 步：定义温度与室温变量。

当开机时，我们需要声明变量 temperature 和 atomTemperature，并将默认值设为 100，如图 10.1 所示。前者表示被监测物体的温度，后者表示环境的温度。

第 2 步：使用引脚"0"，将环境温度设置为 0。

当 P0 引脚被按下时，设置 atomTemperature 变量为 0，显示字符串 "SOLID"，完成的代码如图 10.2 所示。

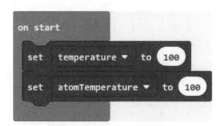

图 10.1　第 1 步完成的代码

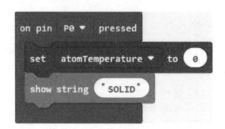

图 10.2　第 2 步完成的代码

第 3 步：使用引脚"1"，将环境温度设为 80。

当 P1 引脚被按下时，设置 atomTemperature 变量为 80，通过显示字符串 "LIQUID" 来提示用户设置已经完成，如图 10.3 所示。

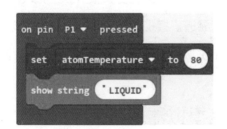

图 10.3　第 3 步完成的代码

第 4 步：使用引脚"2"将环境温度设为 250℃。

当 P2 引脚被按下时，设置 atomTemperature 变量为 250，显示字符串 "GAS"，如图 10.4 所示。

第 5 步：让物体温度跟随环境温度变化。

当环境温度发生变化时，被测物体温度会以每次 10 个单位为幅度靠近环境温度，我们需要使用 forever 块、if…then…else 块、comparison 块和变量块完成此步骤，如图 10.5 所示。

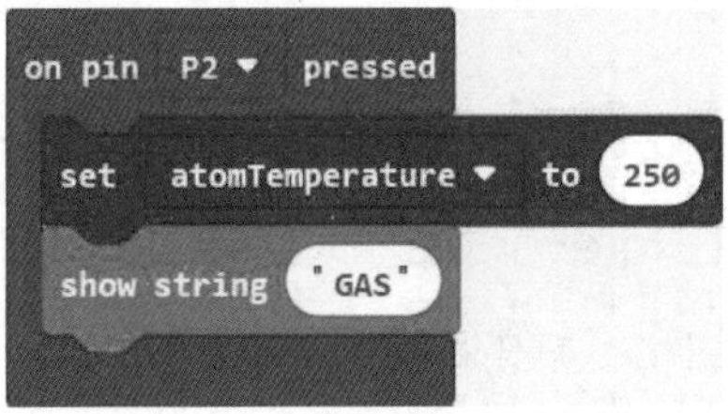

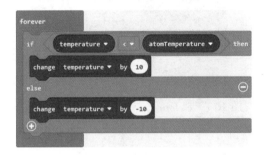

图 10.4　使用引脚"2"将环境温度设置为 250

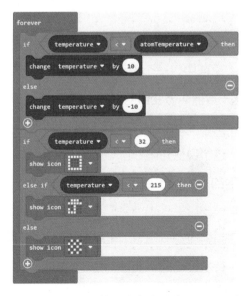

图 10.5　第 5 步完成的代码

第 6 步：通过图形检测被测物体的温度。

在 forever 块内，在 if…then…else 块后方设置一个 if…then…else if…then…eles 块。将判断条件设置为 temperature<32 和 temperature<215。在凹槽处放置 3 个便于区分的图形，最后完成的代码如图 10.6 所示。

图 10.6　第 6 步完成的代码

第 7 步：增加延时代码。

由于 forever 块运行的频率过块，导致我们根本观察不到 show icon 块所展示图形的变化。因此，我们需要在 forever 块底部增加一组延时代码，如图 10.7 所示。还记得 clear screen 块和 pause(ms) 块的组合吗？

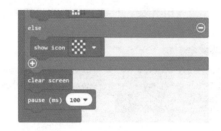

图 10.7　让 forever 块每隔 0.1 秒运行一次

10.3　小结

本章我们尝试了编写复杂的逻辑语句来模拟生活中气温变化的场景。我们已经深化了对变量初始值的理解，还知道了什么是默认值。在下一章中，我们将深入学习 Radio 工具类，将 microt:bit 开发成一个非常实用的通信工具。

10.4　练习题

1. 在 JavaScript Blocks 语言中，一个没使用 set to 块或者 change…by 块控制的变量会被赋值"0"，这一数值叫做变量的_____。

2. 创建变量并在工作区中的 on start 块内使用 set to 块声明变量值为 10，数值 10 就是这个变量的默认值。这个说法对吗？

3. 说一说 Input 模块组下的 pause 块在代码中起到的作用。如果将参数变为 1000，会对程序产生什么影响？

4. 在完成第 5 步后，我们应该测试一下代码再继续编程。说一说你将如何设计测试代码。

5. 添加一个振动监听器，每次震动时，使被测物体的温度上升 20℃。

第 11 章
心·情广播

本章知识概要

① on radio received 块;

② radio send number 块;

③ Comparison 块和 Conditionals 块:参数校验的实现。

本章我们将活用 radio 模块组中的代码块,开发一个 microt:bit 通信器。通过 microt:bit 的 A、B、A+B 这 3 个按钮,可以实时地将你的心情发送给朋友的 microt:bit(图 11.1)上,他们可以通过 microt:bit 得知你的心情是开心、难过还是有些无聊。

图 11.1　工作中的"心情广播"项目

11.1　定义通信规则与校验

11.1.1　约定通信规则

在"心情广播"项目中，我们对 microt:bit 间的信号传播进行如下定义：

- 如果收到的数字是 0，则表示对方很开心，用笑脸（happy）表示；
- 如果收到的数字是 1，则表示对方不太开心，用悲伤脸（sad）表示；
- 如果收到的数字是 2，则表示对方现在很无聊，说不出来是开心还是难过，此时用困倦脸（asleep）表示。

以上就是我们对"心情广播"项目制定的规则，在后面的编码部分中，也会遵循这 3 个对应关系对代码里的参数进行调整。现在我们已经有了完备的设计，那么具体应该如何实现这些规则呢？

11.1.2　判断接收到的数字

假设我们已经接收到了一个数字，并保存在了 receivedNumber 变量中，现在需要思考如何确定这个数字表示的是笑脸、悲伤脸还是困倦脸？答案就在指令工具栏中的逻辑模块组中。代码块位置如图 11.2 所示。

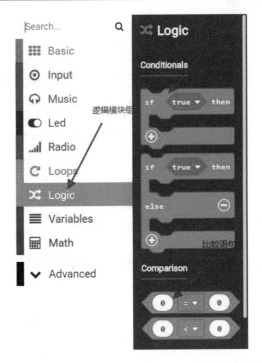

图 11.2　MakeCode 编辑器中条件语句和比较语句的位置

当我们获得需要确认参数的数值后再执行代码时，最先应该想到的就是使用 if…then 块和 Comparison 块，或者 if…then…else 块和 Comparison 块。例如，在图 11.3 中，只有当 receivedNumber 有且只为 1 时，microt:bit 才会执行 show icon 块的指令，显示 √ 图案。我们认为红框内的代码块就起到了校验（参数）的作用。首先将 if…then 块拖曳到 on start 块下方，然后拖曳 Comparison 块的相等比较语句覆盖 if 和 then 之间的条件，最后将 Variables 模块组中预先定义好的 receivedNumber 块填入到对应的位置，完成对变量 recievedNumber 的校验。

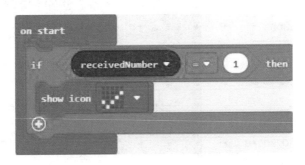

图 11.3　校验 recievedNumber 是否等于 1

> **知识点**
>
> 　　校验是指通过将变量与一个基准数字、字符串或者布尔值进行比较，从而判断指定的变量是否满足执行下方代码的条件。在 JavaScript Blcoks 图形化语言中，检验工作是由逻辑模块组里的条件语句和相等比较语句完成的。

11.2　编写"心情广播"项目代码

　　创建并命名项目为 MoodRadio（心情广播）。

　　第 1 步：发送笑脸。

　　从 Input 模块组中拖曳 on button A pressed 块到工作区，在其内部放置一个 radio send number 块和 show icon 块。我们可以在 Radio 模块组的上方找到 radio send number 块，如图 11.4 和图 11.5 所示。

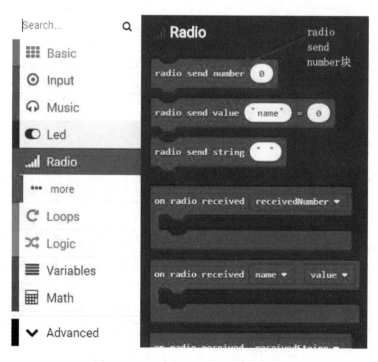

图 11.4　radio send number 块的位置

radio send number 块可以将数值类型的数据广播到同组中的其他 microt:bit 设备上。

图 11.5　第 1 步完成的代码块

第 2 步：接收笑脸。

从 Radio 模块组中拖曳 on radio received 块到工作区，参数为 receivedNumber。然后从 Logic 模块组中拖曳 if…then 块到 on radio received 块下方，并使用 Math 模块组中的相等块拼写"receiveNumber=0"作为判断条件，完成的代码如图 11.6 所示。

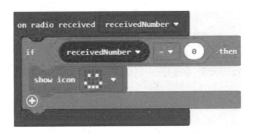

图 11.6　第 2 步完成的代码块

在最新的 MakeCode 编辑器版本中，我们并不需要定义 receiveNumber 块，而只需要拖曳 on radio received 块后面的参数到等号左侧即可。

第3步：发送哭脸。

发送哭脸的代码与第1步类似，我们可以右键复制第1步的代码，然后略作修改即可，如图 11.7 所示。注意：如果想复制完整的代码，需要在粉色的 on button pressed 块上右击，而图 11.8 展示的是修改完成后的代码块模样。

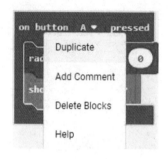

图 11.7　正确复制第 1 步中的代码

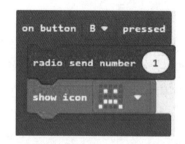

图 11.8　第 3 步完成后的代码块

第4步：接收哭脸。

单击工作区中 if then 块下方的加号按钮，可以扩展判断条件，如图 11.9 所示。在此处判断 receiveNumber 是否为"1"，如是则使用 show icon 块显示哭脸。完成的代码如图 11.10 所示。

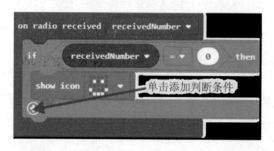

图 11.9　单击加号按钮可以在原有的 Conditionals 语句块下扩展判断条件

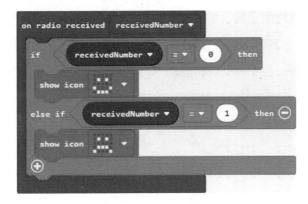

图 11.10　第 4 步完成后的代码

第 5 步：测试并下载。

将 MoodRadio.hex 代码分别下载到两台 microt:bit 上，按下按钮 A，看一看另一台设备有没有展示笑脸，再按下按钮 B，看看有没有哭脸展示在另一台设备上。

11.3　小结

本章我们将 Radio 工具类和 Logic 工具类相结合，实现了非常酷的 microt:bit 无线通信功能。通过 Conditionals（条件）语句和 Comparison（比较）语句对变量进行校验，是开发大型项目时常用的语句组合，一定要熟练掌握。

11.4　练习题

1. microt:bit 集成的无线通信功能十分强大，使用＿＿＿＿块可以发送带数字的信息到另一台 microt:bit 上。远处的 microt:bit 可以通过＿＿＿＿块接收信号并将获得的数字保存在变量中。

2. ＿＿＿＿指通过将变量与一个基准数字、字符串或者布尔值进行比较，从而判断指定变量是否满足执行下方代码的条件。

3. radio send number 块可以将＿＿＿＿类型的数据广播到同组中的其他 microt:bit 设备上。

4. 本章中我们使用 0 代表笑脸，1 代表哭脸，2 代表困倦脸。那么能否使用 9 来代表笑脸，使用 20 代表哭脸呢？这些数字的选择需要遵循哪些原则呢？

5. 如果仔细阅读本章内容的话，你可能会发现第一节提到的"心情广播"项目中的第 3 个功能，即发送和接受困倦脸功能并没有实现，请对 MoodRadio.hex 代码进行修改，完善功能。

第12章

定时器

本章知识概要

① While do 块：forever 块和 if then 块的完美结合。

本章的目标是制作一个 micro:bit 定时器，通过按钮 A 和按钮 B 设置定时器的时间，晃动 micro:bit 激活倒计时。在此过程中，除了会用很多已学过的代码块，我们还需要学习一个新的代码块——while do 块。

12.1 新的代码块

12.1.1 if…then 块

在之前的章节中我们已经学习过了如何找到和使用 Logic 模块组下的 if…then…else 块。在定时器项目中，我们需要使用按钮设置倒计时的秒数，再通过晃动 micro:bit 激活倒计时功能。我们希望通过按下按钮 A 为秒数增加 10 秒，通过按下按钮 B 为秒数增加 1 秒，但是总秒数不能超过 60 秒。此时，我们就可以通过 if…then 块（见图 12.1）来增加判断条件，让按钮不是在所有情况下都可以增加秒数。

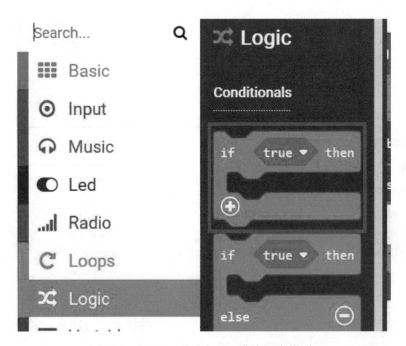

图 12.1 if…then 块在 Logic 模块组中找到

12.1.2 while…do 块

本章我们还会用到 while…do 循环块，与 forever 块不同，它的循环是有条件的。只有当 while 右侧条件被满足时，do 右侧的语句才会被执行。一旦条件没有被通过，while…do 语句块就会完成它的任务。micro:bit 开始执行后面的代码。相比之下，停掉 forever 块下的代码唯有拔断电源这一条路可以走了。

知识点

　　while…do 块区别于 forever 块，它只在满足判断条件的时候循环，一旦 while 后的判断语句返回伪值，则整个 while…do 块连带其内镶嵌的语句块都会被跳过。其通常用于未知次数，但已知终止条件的循环。比如，在玩飞行棋的时候，我们知道掷到数字"6"便可以起飞一架飞机，但无法确定摇多少次才会起飞时，就可以用 while…do 块，开发模拟场景。

　　下面是一个简单的 while…do 块的应用程序。图 12.2 中，变量 Count 的初始值为 0，Count<10 作为条件被放在了 while 语句右侧。当条件通过后，Count 变量被加 1。

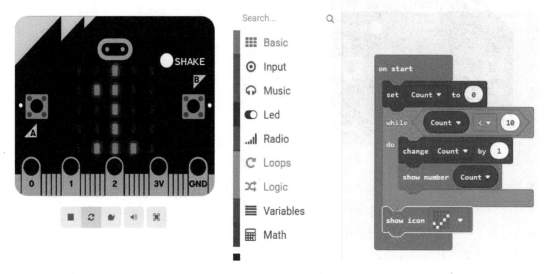

图 12.2　运行中的代码

　　随着代码运行，你会看到数字逐个增加显示（见图 12.3），而看不到"对勾"图形，是因为 while…do 块还在运行中，而没有结束。

　　数字 10 是你能看到的最后一个数字。因为当变量 Count 存入数值 10 时，它无法通过 Count<10 的判断语句，while 循环被迫中止，"对勾"显示在 LED 显示屏上（图 12.4），程序结束。

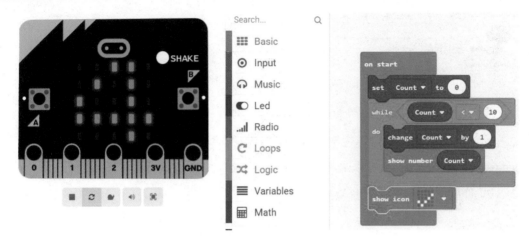

图 12.3　运行中的代码

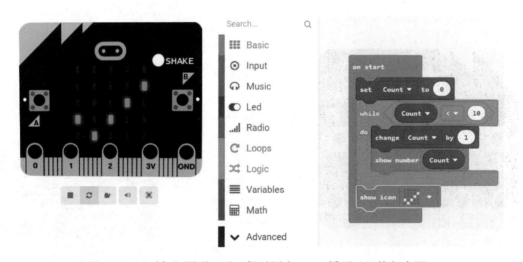

图 12.4　"对勾"图形显示，提示用户 while 循环已经执行完了

12.2　编写"定时器"项目代码

新建一个 micro:bit 项目，取名为 CountdownTimer（定时器）。

第 1 步：声明变量存储秒数。

单击 Variables 工具类下的 Make a Variable 选项来命名一个变量 seconds，并拖曳 set…to 块到工作区的 on start 块上。请确认 seconds 变量的初始值是 0，如图 12.5 所示。

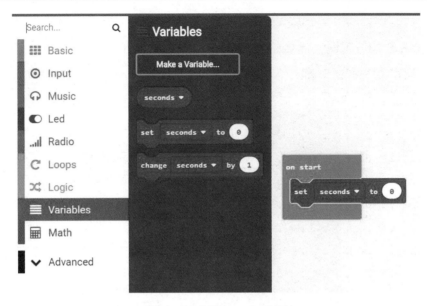

图 12.5　声明 seconds 变量

第 2 步：通过按钮 A 设置时间。

拖曳 on button pressed 块到工作区，在它的下方放置一个 if…then 条件语句（可以在 Logic 模块组中找到它），并将条件语句 false 替换为 seconds<50。当通过判断条 seconds<50 时，通过 change by 块将 seconds 变量存储的数值增加 10，并显示出 seconds 变量的值，代码如图 12.6 所示。

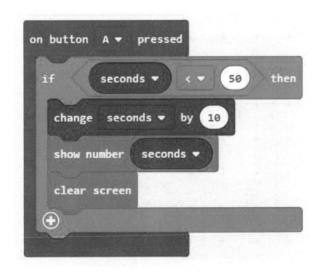

图 12.6　通过按钮 A 设置时间

第 3 步：通过按钮 B 设置时间。

当按钮 B 被按下时，需要执行的代码和按钮 A 类似。注意此时的条件语句为 seconds<60，以及变量控制语句 change seconds by 1，如图 12.7 所示。

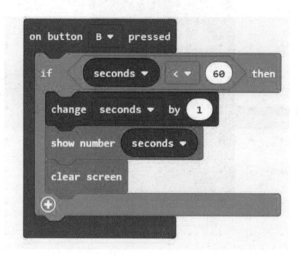

图 12.7　通过按钮 B 设置时间

第 4 步：当晃动 micro:bit 时开始倒计时。

拖曳一个 on shake 块到工作区，并从 Loops 类下找到 while…do 块，使用 seconds > 0 替换条件语句。当通过条件测试时，显示 seconds 变量并 pause（暂停）1000 毫秒。此时，counts 变量存储秒数需要减去 1，最后完成的代码如图 12.8 所示。

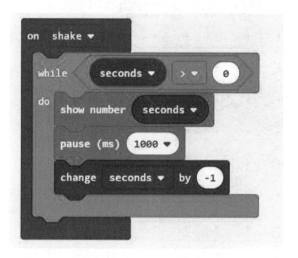

图 12.8　当晃动 micro:bit 时开始倒计时

第 5 步：设置响铃。

当振动时，我们需要使用 while…do 块做有条件的循环。当 seconds 变量（秒数）大于 0 时，展示秒数并停顿 1 秒，然后将 seconds 变量减 1。循环此步骤，直到秒数等于 0 时响起铃声。最终完成的 on shake 部分代码如图 12.9 所示。

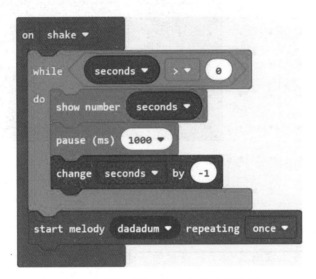

图 12.9　第 4 步和第 5 步完成的代码

 **注　意**

start melody repeating 块是一个可以通过引脚输出音频信号的代码块，可以在红色的 Music 模块组下找到它，如图 12.10 所示。

第 6 步 测试并下载程序到 micro:bit 上。

到这里，定时器程序的所有功能就开发完成了。我们可以在 MakeCode 模拟器上进行简单的测试。测试内容如下：

- 用例 1：晃动 micro:bit，应该会听到提示铃声。
- 用例 2：单击按钮 A，应该会看到显示屏显示数字 10。
- 用例 3：单击按钮 B，应该会看到显示屏显示数字 1。
- 用例 4：单击按钮 A 之后再单击按钮 B。

图 12.10　start melody repeating 块

注　意

micro:bit 设备上没有类似于扬声器的声音输出设备。要想听到 Music 模块组下代码块生成的音频，必须通过引脚外接音箱或者耳机来实现。

12.3　小结

本章我们学习了 while…do 块的使用方法，并用它做了一个很酷的倒计时 micro:bit。通过与包括 Input 模块和 Music 模块组的结合，我们实现了设置时间、倒计时和响铃的功能。在下一章中我们将练习使用更多的代码块：running time 块和整除块。

12.4　练习题

1. while…do 块区别于 forever 块，只在满足_____的时候循环，一旦 while 后的判断语句返回_____值，则整个 while…do 块连带其内镶嵌的语句块都会被跳过。

2. micro:bit 微型计算机的功能十分强大，它内置的喇叭可以播放 Music 模块组下的代码生成的声音。这个说法正确吗？

3. 在指令工具栏中有一组名为_____的模块组，专门负责管理_____类型语句块。

4. 下面的代码块有另一种写法，可以达到相同的功能，开动脑筋试一试吧（见图 12.11）。

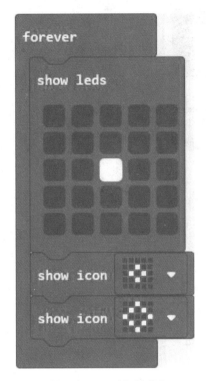

图 12.11　习题示例图

5. 代码优化。还记得我们在第 4 章完成的"闪烁的桃心"项目吗？请改写代码，在不使用 forever 块的前提下，实现相同的功能。

第 13 章

智能显示屏

本章知识概要

① light level 块：亮度处理器；

② 阈值：通过实地测试，找出最合适的参数数值；

③ pause 块：暂停程序一小段时间。

　　本章将设计一款会根据环境亮度自动开启和关闭的 micro:bit 显示屏。在第 4 章中我们已经学习了如何制作动画，以及如何让动画循环播放。这一次，我们会编写 micro:bit 代码，让 micro:bit 只在灯光明亮的时候闪烁，在灯光昏暗的地方，比如口袋里，能够停止闪烁，以节约电能。为此，我们将会用到编程工具栏中的几个新模块：if⋯ then⋯else 块、light level 块、clear screen 块和 pause（ms）块。

13.1 知识预热

13.1.1 light level 块：亮度感知

本章我们将学习一个崭新的事件处理器——light level 块。它可以接收 micro:bit 感知到的环境亮度，然后转换成数值为程序所用。那么 micro:bit 如何实现对亮度的感知呢？我们知道，micro:bit 上有罗盘负责监听磁场强度和振动事件。micro:bit 背面的电路可以通过电流感知引脚是否被碰触。按钮开关则可以检测到按钮是否被按下。然而，micro:bit 上似乎并没有一个单独的元件负责检测环境的亮度。实际真的是这样吗？其实，micro:bit 上的 LED 显示屏同时肩负了输出显示和输入环境亮度的工作。在 25 个 LED 引脚中，一共有 9 个引脚被设计成负责感知光亮。如果你想进一步了解 micro:bit 光感应的原理，可以上网阅读 micro:bit 的官方文档。目前我们只要知道 micro:bit 光感器真实存在于 LED 显示屏中就可以了。

知识点

light level 块是一个可以读取 micro:bit 周围环境亮度级别的工具块，亮度级别会以数字的形式显示。亮度级别的范围为 0~255。当数值为 0 时，说明环境处于完全黑暗的状态，周围没有一点亮光；当数值为 255 时，说明周围非常明亮，明亮到无法睁开双眼（注意：第一次使用这个模块时，无论周围有多亮，都会显示 0。这个 0 表示此功能是首次开启，并不代表真正的亮度级别。再次执行程序，亮度级别就会正常显示了）。

13.1.2 clear screen 块和 pause 块组合：让 micro:bit 打个盹

在 Basic 模块下还有两个常用代码块：clear screen 块和 pause 块。其中，clear screen 块可以快速关闭屏幕中亮起的所有灯泡，效果跟一个没有选中任何灯泡的 show leds 块类似。而 pause 块则可以制造停顿效果。这两个代码块都十分简单易懂，也经常会被使用到。在图 13.1 中，你可以看到程序有很明显的停顿。

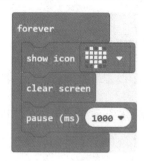

图 13.1　clear screen 块和 puase 块的组合使用

13.2　编写"智能显示屏"项目代码

创建一个新项目，命名为 duct tape wallet 项目。

第 1 步：编写动画。

制作一个简单的动画效果，该效果由两个 show leds 块和一个 forever 块组合而成，如图 13.2 所示。

图 13.2　制作动画

第 2 步：清空屏幕。

在 show leds 块下方拼接一个 clear screen 块和一个 pause（ms）块（时间设置为 3 秒钟）。clear screen 块会熄灭 LED 显示屏的所有发光管，作用和空的 show leds 块效果一样，只是相较于一个巨大的 show leds 块，clear screen 块看起来更加简洁，如图 13.3 所示。

图 13.3　第 2 步完成的代码

建　议

除了功能正常运行，一个优秀的程序应该尽可能简短、精炼。因此在之后的学习中，我们会杜绝使用空的 show leds 块，全部用 clear screen 块代替。

第3步：亮度检测。

在前面的章节中我们已经学习了如何在 if…then…else 块中添加条件，来控制 LED 显示器的显示内容。本次我们将为 if…then…else 块添加一个新的条件，该条件将由一个新的输入块 light level 块控制。拖曳 if…then…else 块到 forever 块下，设置条件为 light level>20 ，再分别将动画代码和清空屏幕代码放入 then 和 else 的语句后。最后完成的代码如图 13.4 所示。

图 13.4　最终完成的代码

第4步：下载并运行代码。

单击下载（Download）按钮，然后把下载好的代码传到 micro:bit 上，测试我们的代码。在明亮的环境下，动画应该是循环播放状态，如果关闭屋顶灯，拉上窗帘，micro:bit 就会停止播放动画了。

13.3 小结

　　本章我们一起学习了 light level 块、pause 块和 clear screen 块的使用。在代码世界，包括亮度和声音在内的很多感官，都会使用数值代替大小或者强弱这种描述性的词语。在后续章节的学习中，我们会继续围绕 LED 显示屏进行开发，并学习如何用一组新的代码块精确控制每一个灯泡的明暗。

13.4 练习题

1. light level 块会通过 micro:bit 的感光器感知亮度。当 micro:bit 被置于完全黑暗的环境里时亮度为_____；随着环境越来越明亮，亮度会逐渐增大，最大值为_____。

2. 本章中提到了一个可实现简单"停顿"效果的代码块组合，它们是_____块和_____块。

3. 根据本章所学的知识，以及必要的实验验证，完成下面的连线。

秒的单位	ms
检测亮度值	light level 块
清空屏幕、熄灭 LED 显示屏	s
毫秒的单位	clear screen 块
明亮房间的亮度值	20
3000 毫秒	1000 毫秒
昏暗房间的亮度值	150
1 秒	3 秒

设计一个程序：当按下按钮 A 时，让屏幕显示出当前环境的亮度值。（正确展示 micro:bit 读值即可）

4. 用你所学的知识，简化下面这组臃肿的代码（见图 13.5）。

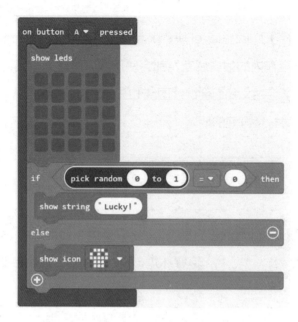

图 13.5　习题示例图

第 14 章

码表

本章知识概要

1. pseudo code：伪代码，一切为了更好地沟通；
2. running time 块：让计算机认识时间；
3. Integer ÷：取整除法。

本章我们要一起编写一个 stopWatch 程序。这个项目的目标是把 micro:bit 设计成倒计时器。当按下按钮 A 时，倒计时开启。再次按下按钮 A，屏幕将显示本次计时的时长，并重新开始计时。

14.1 如何构思复杂项目

14.1.1 什么是伪代码 pseudo code

一个优秀的建筑设计师会在画建筑图纸之前先画出草图，有了草图，方便建筑师和工程师沟通。一个完美的草图可以很好地传达设计师的想法。当软件工程师在编写复杂的代码时，也借鉴了这一理念。通常，在动手编写代码前，我们会用文字书写简单的pseudo code（伪代码），来验证代码的逻辑是否完善，也可以将其展示给一同开发的其他软件工程师，告诉他们自己想如何实现产品的功能，因为使用程序的用户通常不具备看懂复杂代码的能力。

知识点

伪代码（pseudo code）是一种介于自然语言和计算机语言之间的文字和符号组成的语言，通常用来描述复杂的算法。读懂伪代码需要具备一些基础的代码编写功底，而写出简练准确便于理解的伪代码则需要更加清晰的逻辑。

14.1.2 为 stop watch 项目编写伪代码

根据以上背景描述，我们可以写出如下伪代码：

- 当程序开始时，添加一个 start time 变量，赋值为'0'。

- 当用户按下按钮 A 时，我们开始决定程序所处的状态：

如果 start time 变量等于 0，说明计时器没有运行，那么我们要为变量附上当前运行的时间；否则（码表已经在运行）我们通过计算当前运行时间和变量的差值，得到已经运行的时间并显示出来，然后重置时间为'0'后继续运行。

试一试将上面的伪代码翻译成英文，再与本章最后完成的代码比较，看看英文伪代码是不是和实际的代码长得很像？

On buttong A pressed

 If start time is 0

  Store current time into start time

 Else

  Show duration and reset start time

14.1.3　running time 块

为了让 JavaScript Blocks 实现上文设计的 pseudo code（伪代码），我们需要一个可以精确测量程序运行时间的变量。幸运的是，强大的 JavaScript Blocks 已经内部集成了这个变量，并设计成了一个代码块，放置在工具类 Input 组的额外代码块中，它就是 running time 块（如图 14.1 所示）。一旦 micro:bit 被通上电，running times 块就会在后台开始记录运行时间。

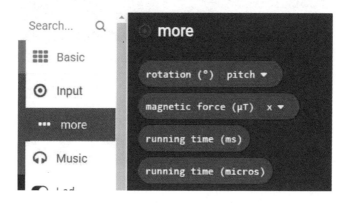

图 14.1　running time 块在指令栏中的位置

注 意

  当使用 runing times 代码块时，请注意存在两个同名代码块。通常情况下会使用以毫秒为单位的 running times 块，即 running time（ms），而不使用 running time（micros），即以微秒为单位。你还记得 1 秒等于多少毫秒吗？如果不确定，可以回顾一下第 13 章中的知识点。

14.1.4　"Integer ÷"取整除法

取整除法实则就是保留等号后面的商。例如，5 除以 2 商 2 余 1。使用取整除法，我们只保留结果里的商 2 作为返回值，而不理会后面的余数。想要找到"Integer ÷ 块"，首先需要从 Math 工具类下把 square root 块拖曳到工作区，单击三角按钮打开下拉选项，选择"Integer ÷"选项，如图 14.2 和图 14.3 所示。

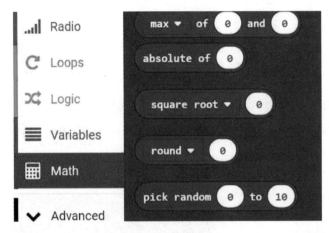

图 14.2　找到取整除法块

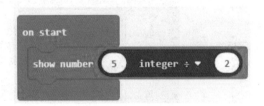

图 14.3　测试取整除法块

14.2　编写代码

首先，我们要新建一个 Project（项目），更改名称为 stopWatch（码表）。

第 1 步：声明用于记录运行时间的变量。

单击工具栏下的 Varaibles 模块，选择 make a variable（制作一个变量），输入 start_time，拖曳 set to 块到 on start 块下，如图 14.4 所示。

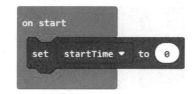

图 14.4　声明 runningTime 变量

第 2 步：拖曳事件处理器到工作区。

从 Input 模块组找到 on button pressed 块，拖曳到工作区。在 on button pressed 块下放置一个 if…then…else 语句块，如图 14.5 所示。

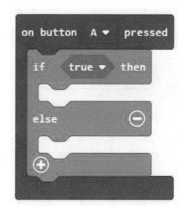

图 14.5　第 2 步完成的代码

第 3 步：设置条件。

使用 Logic 模块组下的 Comparison 模块，设置 if…then…else 语句条件为"当变量 runningTime 等于 0 时"，如图 14.6 所示。

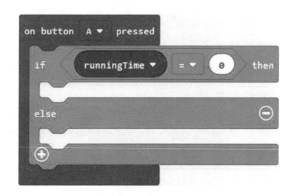

图 14.6　设置判断条件

第 4 步：当判断结果为"真"时，开始计时。

将 Variables 模块组下的 set…to 块拖放到 then 语句下方，并赋值为 running times（ms）（你可以在 Input（输入）模块组里单击 more（更多）找到它），然后放置一个 show icon 块，作为开始计时的标记，如图 14.7 所示。

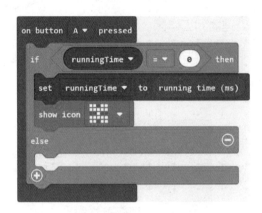

图 14.7　记录开始计时的运行时间

第 5 步：当判断结果为"假"时，计算运行时间。

从 Math 模块组下找到 square root 块，拖曳到工作区，单击下拉按钮，选择 "Integer÷"选项，会发现原来的单一参数变成了两个参数。在前面的参数中，我们放置一个 running time（ms）减去变量 runningTime 的值，然后把后面的参数设置为 1000 就可以得到取整后的秒数了。接下来只要使用 show number 块展示取整后的秒数，再把变量 runningTime 重新赋值为 0，我们的 stopWatch 程序就编写完成了，如图 14.8 所示。

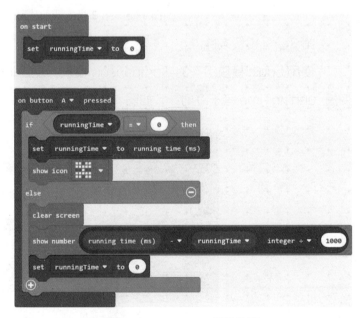

图 14.8　stopWatch 项目代码

第 6 步：下载代码并测试。

我们已经完成了 stopWatch 程序的开发，单击 Download 按钮，把代码下载到你的 micro:bit 上。按下按钮 A，当屏幕正常显示开始计时的图案后稍等几秒，再次按下按钮 A，就会看到秒数显示在屏幕上了。

14.3　小结

本章我们一起学写了如何编写代码让 micro:bit 可以作为秒表使用。除了再次用到 on button pressed 事件处理器和 if…then…else 逻辑语句之外，我们还首次使用了 running time 块来获得运行时间，并使用了整数除法代码块，将毫秒数转化为整秒数。

14.4　练习题

1. pseudo code 中文叫做_____，是一种介于_____语言和_____语言之间的文字和符号组成的语言，通常用来描述复杂的算法。

2. _____块可以获取设备开启的毫秒数。

3. 请将下列四则运算用代码块表示出来。

　　A. （1+100）×100÷2　　　　　　　　　　B. b^2-4*a*c

4. 从第 2~13 章中的项目中任选一个案例编写伪代码。

第15章

魔术按钮

本章知识概要

① magnetic force 块的用法；

② 阈值的定义；

③ 使用 Variables 存储布尔值。

你知道吗？用一块冰箱贴、一个 micro:bit 和一组设计精妙的代码，我们就可以变出一个非常有趣的"魔术"。本章中我们将学习如何使用 micro:bit 变"魔术"。为此，我们需要学习 magnetic force 块的使用，以及如何使用 Variables 存储布尔类型的值。

15.1 项目设计

15.1.1 魔术按钮的工作原理

我的一个朋友曾给我展示过一个编有 JavaScript Blocks 程序的 micro:bit。当时他说他的 micro:bit 能知道自己的主人是谁。如果是主人按下按钮，micro:bit 会显示被按下按钮的信息。但是，如果是别人碰触了按钮，那么 micro:bit 就会发生紊乱，按下按钮 A 时，展示的是 B，按下按钮 B 时展示的是 A。我说，我也学习过编写代码，虽然 micro:bit 开发板功能丰富，但是你说的 micro:bit 能够识别主人的情况绝对不可能。然后他就让我当场试验，不管我尝试多少次，显示的信息总是和我按下的按钮相反，而他只需按一次，micro:bit 就会乖乖地听话，显示对应的字母。在我的不断追问下，他终于告诉了我他的程序"魔术按钮"是如何完成的。

所有魔力的源泉其实都是 micro:bit 代码和编码者伟大智慧的结合。编码者触碰按钮时为什么按钮显示会不一样？答案就是磁力。在 micro:bit 里，按钮 A 其实受两组代码控制，一组代码显示 A，另一组代码显示 B。正常情况下，micro:bit 会执行第一组代码，也就是显示 A。但是，当 micro:bit 检测到很大的磁力时，第一组代码会被弃用而执行第二组代码，即按钮 A 按下时显示 B。编码者的手心中悄悄藏了一块磁铁，目的就是为了触发第二套代码的执行。有了这套完整的设计方案，就可以开始我们的代码编写了。

15.1.2 认识磁力

磁力（magnetic force），是磁场对放入其中的磁铁和电流的作用力。想一想，为什么没有胶水的冰箱贴可以牢牢吸附在冰箱上？再想一想，为什么吸铁石相同颜色的一侧会互相排斥？这些都是因为无形的磁力在起作用。磁力除了有方向以外，还有大小。一般来说，磁铁与金属离得越近，磁力越大。磁铁体积越大，磁力越大。micro:bit 的罗盘传感器不仅可以监测磁场力的存在，还可以测算出磁力的数值。我们可以使用磁力块从罗盘传感器上获取这个数值为我们所用。

> **注 意**
>
> 罗盘是一个非常精密的仪器，也很容易受到环境干扰而导致准确度出现偏差。如果是第一次使用 micro:bit 的罗盘，micro:bit 设备内嵌的校准程序会首先运行。需要注意的是，虽然不同版本的 micro:bit 硬件校准方式不同，但都是以旋转晃动 micro:bit 即可完成小游戏的形式，非常简单，这里就不再赘述了。

15.1.3 认识 magnetic force 块

单击指令栏中 Input 模块组中的 more 选项，你就可以找到 magnetic force 块了，如图 15.1 所示。magnetic force 块有 4 个参数，其中 x、y 和 z 分别表示三维空间坐标系中 3 个轴的方向。换言之，当参数为 x 时，magnetic force 块会返回横轴方向的磁场力大小。而第 4 个参数 strength 则有所不同，它可以帮助我们测量 micro:bit 附近磁场的绝对值，而不计较方向。

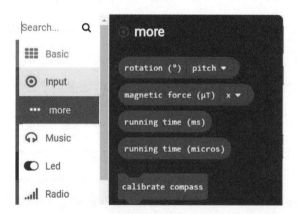

图 15.1　找到 magnetic force 块

15.2　编写"魔术按钮"项目代码

首先，我们要新建一个 Project（项目），更改名称为 magicButtonTrick（魔术按钮）。

第 1 步：准备 magnetic force。

找到指令工具栏中的 input 类，单击 more 选项，将 magnetic force 块拖曳到工作区，单击下拉选项，选择读取 strength。一个可以读取磁场强度的代码块就准备好了，如图 15.2 所示。

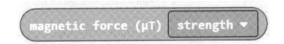

图 15.2　找到 magetic force 块

第 2 步：测量磁场强度。

现在让我们使用 magnetic force 块测量一般环境下（没有磁铁干扰时）的磁场强度。定义一个变量，起名为 force，使用 set⋯to 块将储磁场强度存入变量 force，如图 15.3 所示。

图 15.3　使用 force 变量存储磁场强度

然后使用 show number 块循环展示磁场强度，并下载完成的代码（见图 15.4）到 micro:bit 上，然后将 micro:bit 放到磁铁附近进行测试。

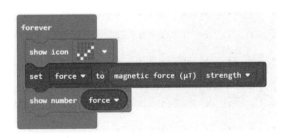

图 15.4　测试磁场强度的代码

注意观察磁场强度的波动范围，记录第一组数据。接下来，将我们准备的磁铁靠近 micro:bit，再次观察读数变化并记录第二组数据（每组数据记录不少于 5 个）。

第 3 步：设计阈值。

此时我们已经得到了两组数据，然后绘制一个一维坐标轴，最小值为 0，最大值为

255。将第一组数据用圆圈标记,第二组数据用 X 标记。观察坐标轴并选择一个合适的值作为阈值,将两组数据分开(老师经过测量得到了阈值 100,你可以设定一个你认为更加合理的数值)。

知识点

阈值(threshold value)表示一个系统中两种状态的分界值。生活中,阈值无处不在,比如,在乘坐电梯时,我们可以看到电梯按钮上方清楚地标明了电梯限乘人数和载重。在小于这个阈值时,我们可以说电梯是处于安全运行的状态,但是当等于甚至大于限乘人数或者载重时,电梯运行起来就会不安全,随之而来的便是报警声。

第 4 步:声明 isNormal 变量。

得到阈值后,我们就可以使用 Logic 类的 Comparison 块设计条件了。定义一个新的变量 isSwitched,用它来存储"force 小于等于 100"的布尔值结果,并删除 show number 块,如图 15.5 所示。

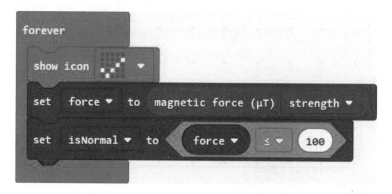

图 15.5 第 4 步完成的代码

接下来,我们需要为两个按钮设计事件处理器。当按下按钮 A 时,需检查 isSwitched 的布尔值。布尔值如果为 true,说明磁铁就在附近,那么我们需要显示字母 A。否则,就说明使用者不是我们,则希望显示字母 B 来迷惑使用者。

想一想,哪个代码块才能完成上面的功能?没错,答案就是 if…then…else 块!

第 5 步: 设计事件处理器。

拖曳 on button pressed 块到工作区, 设计下拉选项为 A。在处理器下面放置 if…then…else 块之后, 从 Varaibles 类中找到 isSwithced 变量, 拖曳替换默认的 true 条件。最后, 放置 show string 变量, 分别显示 A 和 B, 如图 15.6 所示。

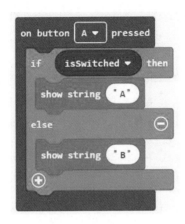

图 15.6　监听按钮 A 按下事件的代码

按钮 B 的事件处理器和按钮 A 相似, 所以可以右击工作区中的 on button pressed 块, 选择 duplicate (复制) 整个按钮 A 处理器, 如图 15.7 所示。复制成功后修改相应的参数即可, 这样节省了很多开发时间。

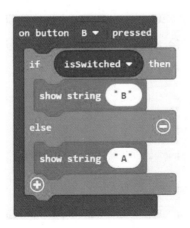

图 15.7　监听按钮 B 按下事件的代码

第 6 步: 下载测试程序。

magicButtonTrick 程序已经开发完毕! 单击 Download 按钮, 把代码下载到

micro:bit 上，进行下列测试。

- 测试 1：手握一块磁铁，然后按下按钮 A，此时屏幕如果显示 A，则测试 1 通过。
- 测试 2：把磁铁放到远离 micro:bit 的地方，再次按下按钮 A，此时若屏幕显示 B，则测试 2 通过。

 知识点

　　一个完整的软件项目开发应该经过这些步骤：①确认产品设计。②编写伪代码。③ micro:bit 程序开发。④测试。⑤代码交付。对于测试步骤，我们需要设计测试用例，好确保代码和设备在各种各样的情况下都能正常运行。如果测试没有通过，则证明产品的设计或代码的编写存在问题，需要优化才能正式交付。

15.3　小结

　　micro:bit 之所以深受编程爱好者们的青睐，是因为它真的继承了很多强大的功能，让编程者可以自由自在地开发各种有趣的程序。在本章的开发中，我们就是使用了 magnetic force 块来检测磁场强度。本章我们把重心放在了程序的设计和测试上，而不是代码块的拖曳，这些步骤在编写复杂的程序时都是必不可少的，需要我们熟练掌握。

15.4　练习题

1. _____块可以测量 micro:bit 附近的磁场力。如果要测量不分磁力方向的磁场绝对值，则需要将参数设为_____。

2. 阈值（threshold value）表示两个状态之间的临界或者_____值。

3. forever 块下的代码可以被简化，想一想，并在程序上写出简化代码。

4. 小明同学自己编写了一组代码（见图 15.8），你能说一说为什么 micro:bit 无法执行这个程序吗？

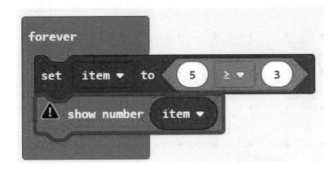

图 15.8　习题示例图

提　示

注意观察变量 item 的类型。

5. 在 15.2 节的第 6 步中，我们测试了按钮 A 的功能，但是没有测试按钮 B 的功能。
请仿照测试 1 和测试 2，编写用于测试按钮 B 功能的测试 3 和测试 4。

测试 3：

测试 4：

第 16 章

土豆运输

本章知识概要

① 变量的校验；

② not 块；

③ plot x y 块；

④ stop animation 块。

本章我们将设计一个土豆仓库的模拟器：每一台 micro:bit 模拟一个土豆仓库，土豆仓库除了可以自行采购扩充土豆数量以外，还可以将多余的土豆运输给附近的 micro:bit 土豆仓库，如图 16.1 所示。而仓库一旦开始运作就会慢慢消耗土豆库存，因此我们需要及时把土豆运送过去。

图 16.1　工作中的两台 micro:bit 土豆仓库

16.1　项目方案设计

在"土豆运输"项目中，我们不会让 micro:bit 去存储真正的土豆，而是使用了一个变量来保存土豆的库存数量。此外，在"土豆运输"项目中，我们同样会用到"心情广播"项目中使用的 radio send number 块和 on radio received 块来发送和接收数字。只是这一次数字大小直接表示发送和接收到的土豆数量，这一点需要我们清楚。

本次开发的项目名称为 TelePotato.hex，每一台 micro:bit 都会实时通过显示屏的图案（如图 16.2）来反应库存状态。

（1）当仓库未被启用时，显示"X"图案。

（2）当仓库库存充足时，显示"√"图案。

（3）当仓库库存耗尽时，显示"骷颅头"图案。

图 16.2　"×"图案与"√"图案示例

16.2 编写"土豆运输"项目代码

新建项目，命名为 TelePotato（土豆运输）。

第 1 步：初始设置。

在 Variables 模块组中命名一个新的变量 potato，并将 set…to 块拖曳到工作区的 on start 块下方，设置参数为 −1。随后，从 Radio 模块组中找到 radio set group 块，并设置参数为 40。完成的代码如图 16.3 所示。

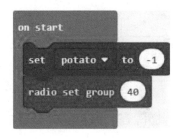

图 16.3　第 1 步完成后的代码

radio set group 中的参数表示 micro:bit 处在通信频道，频道数值范围为 0~255，设定该值的目的是为了防止附近其他 micro:bit 的信号串台。

第 2 步：采集土豆。

从 Input 模块组中拖曳 on button pressed 块到工作区，调整参数为 A+B。拖曳 set potato to 块到事件处理器内部，随后拖曳 Math 模块组中的加法运算到 to 后的参数中。在加法运算前后分别设置变量 potato 和 pick random 10 to 20 作为参数。完成的代码如图 16.4 所示。

可以在 Math 模块组中找到 pick random to 块。

图 16.4 第 2 步完成的代码

想一想

此处的 pick random to 块会对采集过程产生什么影响呢？

注 意

累加是一种常见的运算方式。区别于常见的 set A to B 的样式，变量 B 在被赋值给变量 A 之前，首先和变量 A 相加，相加后的和被赋予了变量 A。其对应的公式表达式是：A= A+B。

第 3 步：运送土豆。

从 Input 模块组中找到 on 块并拖曳到工作区，选择参数为 shake。拖曳 if…then 块到 on shake 块下方，并设置条件 potata>10。从 Radio 模块组中找到 radio send number 块并拖曳到 then 下方，设置参数为 5。最后，使用 Variables 模块组中的 set…to 块，设置参数为 potato-5。完成的代码如图 16.5 所示。

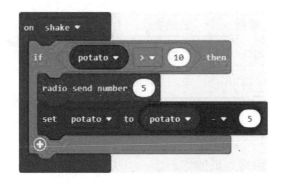

图 16.5 第 3 步完成的代码

想一想

土豆在什么情况下才会被运送出去? 运送的量又是多少呢?

第 4 步: 接收土豆。

使用 Radio 模块组和 Varaiable 模块组的 on radio received 块和 set to 块, 将接收到的 receivedNumber 累加到 potato 变量上。最后完成的代码如图 16.6 所示。

图 16.6 第 4 步完成的代码

第 5 步: 土豆消耗模拟。

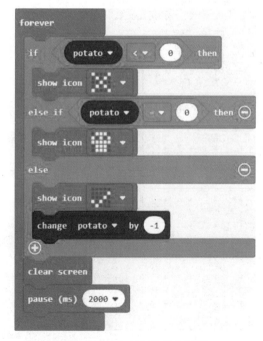

图 16.7 第 5 步完成的代码

从 Basic 模块组拖曳 forever 块到工作区中(如果已经默认存在, 则无须操作), 在 forever 块内部放置一个 if…then…else if…then…else 逻辑块。借助 Logic 模块组的 Comparison 块, 设置两个条件分别为 potato<0 和 potatio = 0。在第一个 then 语句下方放置一个"X"show icon 块; 在第二个 then 语句下方放置一个"骷髅图案"show icon 块; 在 else 语句下方放置"√"show icon 块和一个 change…by 块, 设置参数为 −1。最后, 在 forever 块结束前放置一个 clear screen 块, 设置 pause (ms)参数为 2000。最终完成的代码如图 16.7 所示。

第 6 步：保存代码并下载到两台 micro:bit 设备上。

下载代码到两台 micro:bit 设备上，其中一台设备静置在桌子上作为接收信号的仓库，另一台通过同时按下 A、B 按钮和振动设备，向前一台设备"搬运"土豆。看一看，你能够得到预期的结果吗？

16.3 小结

本章我们学习了非常多的模块组，包括 Basic、Input、Radio、Logic、Variables 和 Math 模块组。顺利完成本章的学习，说明我们对这些代码模块组已经有了较深入的理解。此外，我们还学习了如何组合 set…to 块和二元四则运算符以实现累加运算。类似的运算组合还有很多，同学们可以自己动手实践。

16.4 练习题

1. 请写出以下表达式对应的 micro:bit 代码。

　　A. A=A+B

　　B. students = students + newStudents

　　C. Number = number * index

2. micro:bit 无线通信可以设定频道，数值范围为_____至_____，设定该值的目的是为了防止附近其他的 micro:bit 信号串台。

3. 设计一组简单的通信代码，当晃动 micro:bit 时，会随机发送 1~9 中的一个数字。接收端负责接收数字，并把接收的数字累加起来求和然后显示出来。

代码块字典

1. on start 块（当开始时）

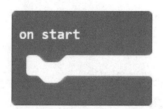

on start 块表示在程序启动时运行代码。on start 块是一个程序里最先被执行的代码块，其他所有的代码块或者事件监听器都要在 on start 块运行完毕以后再运行。请在初始化程序时使用这个模块。

2. show string 块（显示字符串）

show string 块表示在显示屏上显示文本，每次显示一个字符，如果字符串适合屏幕（即单字母），则不滚动。在 LED 屏幕上显示一个字符串，如果屏幕显示不下（字符串大于一个字节），则会自动滚动显示。使用时注意，虽然只能填写字符类型的数据，但是如果在参数区域填写数字，也会转义成字符显示在屏幕上。

3. forever 块（无限循环）

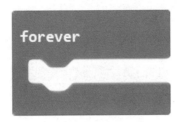

forever 块表示在后台无限重复代码，每次迭代时允许其他代码运行。请在循环运行部分程序时使用。

4. show leds 块（显示 LED）

show leds 块表示在 LED 屏幕上绘制图像。单击 25 个可开关的按钮，可以控制 LED 显示屏的图像。

5. on button pressed 块（当按钮被按下时）

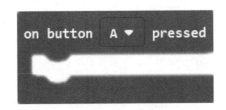

使用 on button pressed 块可以开启一个事件处理器（让一部分程序在特定事件

发生时才执行，比如按下按钮）。当按下再松开按钮时执行相应的代码块。处理器内镶嵌的代码只有在 A、B 被按下或 A+B 同时被按下时才会被执行（注意，如果按住按钮不松开也不会触发事件）。

6. show icon 块（显示图标）

show icon 块表示在 LED 显示屏上绘制选定的图标。单击下拉按钮，可以从预设的图标中选择一个图标显示在屏幕上。

7. on pin pressed 块（当引脚被按下时）

on pin pressed 块表示触摸后松开引脚（同时按下 GND 引脚）时执行操作。开启一个事件处理器（让一部分程序在特定事件发生时才执行，比如引脚被碰触），当碰触引脚 0、引脚 1 或者引脚 2 并同时碰触 GND 引脚时，事件被触发。监听器负责激活事件处理器，从而执行镶嵌的代码块（与 on button pressed 块类似）。

8. show number 块（显示数字）

show number 块表示在屏幕上显示数字，如果是单位数（即 0~9）则不滚动，否则滚动显示。滚动原则和 show string 块类似。注意，show number 块只能接受数值类型的数据作为参数，输入其他类型的数据时会报错。

9. clear screen 块（清空屏幕）

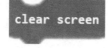

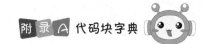

clear screen 块表示关闭所有的 LED。

10. pick random to 块（选取随机数，范围为…至…）

pick random to 块表示返回一个介于最小值（含）和最大值（含）之间的伪随机数。如果两个数字都是整型，则结果也是整型。两个参数可以根据你的意愿调整，代码块会保证区间内每个数值出现的概率是一样的。

11. Variable 块（变量）

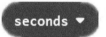

Variable 块表示返回所选择的这个变量的值，使用时需要先给变量定义名称。

12. set…to 块（将…设为）

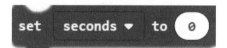

set…to 块表示将所选的变量设置为等于输入。一个变量只能存储一个值，重复定义一个变量的值时，旧的值会被变量遗弃。

13. change by 块（以…为幅度）

change by 块表示以填入的参数为幅度更改变量的值。因为代码块只负责给变量增加数值，因此也被称为"增量作业运算"（addition assignment operation）。但是，事实上可以通过将输入值设为负数来减少变量的值。

14. pick random true or false 块（随机选取 true 或 false）

pick random true or false 块表示随机生成 true 或 false，就像抛硬币一样。

15. on 块（当）

on 块表示完成一个特定动作时执行操作。这个处理器针对特定动作而设计，比如，on shake 块只在晃动 micro:bit 时响应。

16. if…then else…块（如果为 true 则…否则…）

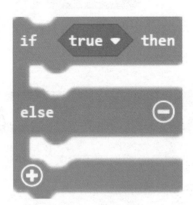

if…then else…块表示如果值为 true，执行第一个语句，否则执行第二个语句。根据条件返回的布尔值判断是否执行代码。在 if 下方的语句只有在布尔值为 true 时才会被执行。你可以通过比较语句比较两个变量获得布尔值。如果想在没有通过设定条件时也执行一些代码，则可以把语句放入 else 下方。

17. pause（ms）块（暂停（ms）

pause（ms）块表示暂停以毫秒为单位的指定时间。这个代码块通常用于减缓程序的运行速度，让用户有充足的时间阅读显示屏或者进行操作。注意，1秒等于1000毫秒。

18. Comparison 块（比较）

Comparison 块表示当比较两个数字时（比较是否相等、是否大于、是否小于），会得到一个布尔值作为返回值。如果等式或者不等式成立则返回 true，否则返回 false。

19. while do 块（如果为 true 执行）

while do 块表示如果满足条件则执行相同序列的操作。允许镶嵌代码块，当条件通过或者为 true 时，执行 do 右侧的代码。执行完成后，再次回到 while 处检查条件是否通过或者为 true。换句话说，当条件为 false 时，while…do 块结束运行。

20. radio send number 块（无线发送数字）

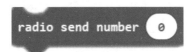

radio send number 块表示通过无线信号将数字广播到组中任何已连接的 micro:bit 上。

21. on radio received(receivedNumber)块(在无线信号接收到数据时运行(数字))

on radio received（receivedNumber）块表示被注册（镶嵌）的代码只有在无线信号接收到数字时才会被运行。

22. start melody repeating 块（播放旋律…重复）

start melody repeating 块表示开始播放旋律（从 pin0 输出）。音符以一串字符表示，格式为 NOTE[octave][:duration]。

23. magnetic force 块（磁力）

magnetic force 块表示获取磁力值，单位为 μT。注意，模拟器中不支持此函数。Magnetic force 块可以得到指定方向的磁力大小，如果选择 strength 则返回磁力的绝对值大小。

24. light level 块（亮度级别）

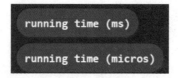

light level 块表示得到 micro:bit 周围的明亮程度。亮度范围是 0~255，0 代表最暗的环境，255 代表最亮的环境。需要注意的是，受限于 micro:bit 的尺寸，亮度的检测并不精准。

25. radio send string 块（无线发送字符）

radio send string 块表示向通信范围内的同组 micro:bit 发送一个字符串信息，字符串最大长度为 19 个字节。参数：字符串（用来发送给其他 micro:bit）。

26. running tme 块（运行时间）

running tme 块表示获取设备开启时间的毫秒数或者微秒数。注意，不是 on start 块的运行时间。

27. "integer÷ 块"（取整除法）

"integer÷" 块是 Math 类 square root 块下的选项之一，表示得到除法运算后的商值。参数：被除数（数值类型）和除数（数值类型）；返回值：商（数值类型）。

28. plot x y 块

说明：使用 plot x y 块，可以指定点亮 LED 显示屏上 25 个灯泡中的一个。此时，25 个小灯泡被表示成了 5×5 的矩阵，坐标范围为 0~4。当 x 值为 0，y 值为 0 时，左下角的灯泡被点亮；当 x 值为 4，y 值为 4 时，右上角的灯泡被点亮。

29. received packet 块

received packet 块表示获得传输强度、源头序号或者发出信号的时间。

30. radio set transmit serial number 块

如果将 radio set transmit serial number 块设置为 true，则在传输内容时捆绑设备序列号一同广播。

参数：transmit，布尔值。当参数设置为真时，在每条广播中携带 micro:bit 序列号；如果设置为假，则传输时序列号项赋值"0"。

附录 B

项目的完整代码

本书中所有项目的完整代码见图 B.1 至图 B.14。

1. HelloWorld.hex

图 B.1　Hello Word 项目代码

2. FlashHeart.hex

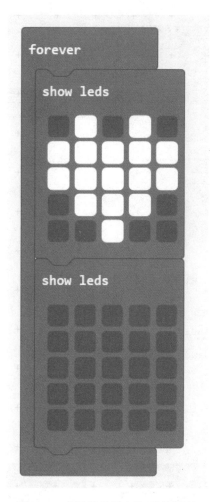

图 B.2 "闪烁的桃心"项目代码

3. SmileyButton.hex

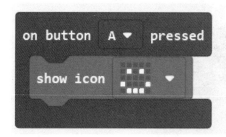 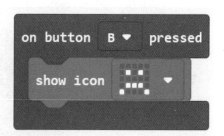

图 B.3 "表情按钮"项目代码

4. ARandomNumber.hex

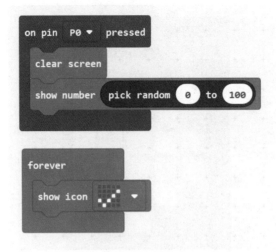

图 B.4　"数字生成器"项目代码

5. CountingMachine.hex

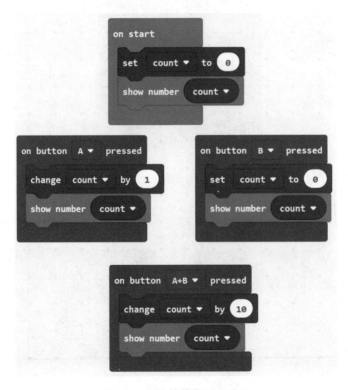

图 B.5　"计数器"项目代码

6. TossAcoin.hex

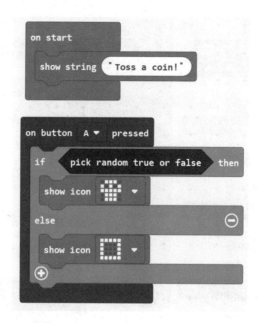

图 B.6 "抛硬币模拟器"项目代码

7. RockScissorsPaper.hex

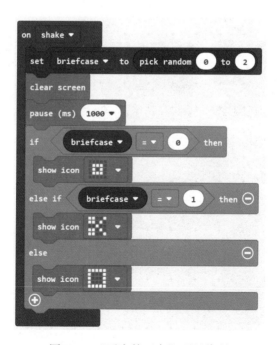

图 B.7 "石头剪刀布"项目代码

8. StateOfMatter.hex

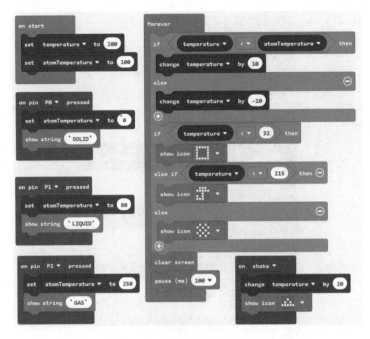

图 B.8 "定时器" 项目代码

9. MoodRadio.hex

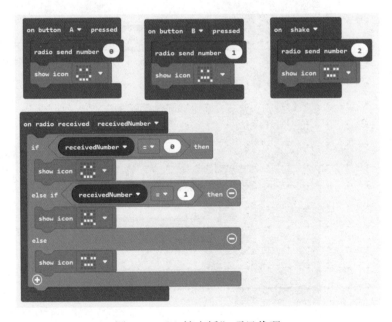

图 B.9 "心情广播" 项目代码

10. CountdownTimer.hex

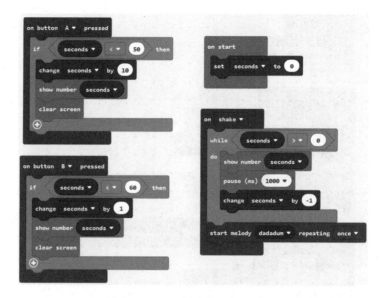

图 B.10 "心情广播"项目代码

11. DuctTapeWallet.hex

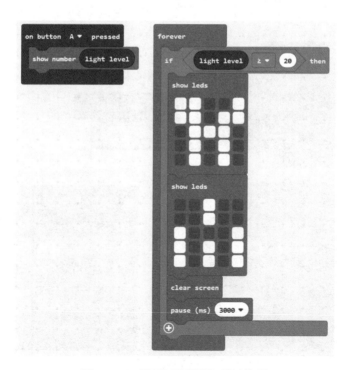

图 B.11 "智能显示屏"项目代码

12. StopWatch.hex

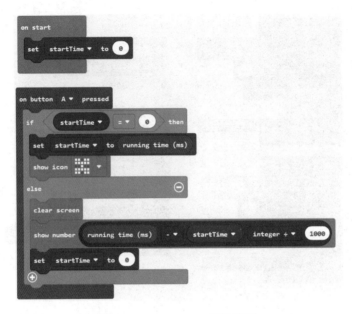

图 B.12　stop Watch 项目代码

13. MagicButtonTrick.hex

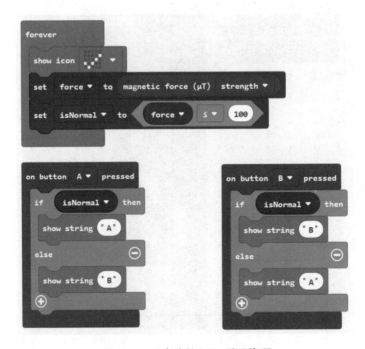

图 B.13　"魔术按钮"项目代码

14. TelePotato.hex

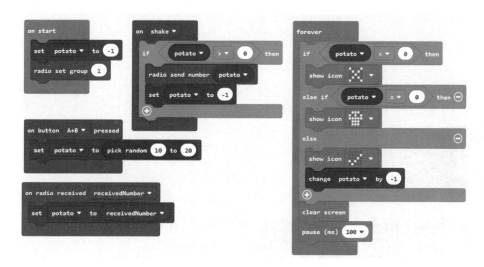

图 B.14　"土豆运输"项目代码

练习题答案

第1章

1. System on Chip; 内存; 存储器; 中央处理器。

2. 25; LED。

3. 对。

4. 对。

5. 对。

6. 尽可能多地作答, 不同模块功能见 1.1 节。

第2章

1. https://makecode.microbit.org/。

2. 模拟器; 指令工具栏; 工作区。

3. 正确。

4. 错误。JavaScript Blocks 和 JavaScript 的写法有很大区别, 两个语言的共同点是都可以编写出控制 micro:bit 的代码。

5. 改变语言的选项需单击设置按钮弹出。

第3章

1. 生效 / 被执行；on start。

2. 字符；字符串。

3. B。

4. B。

5. 正确编写代码即可。

6. 编写出展示数字的正确代码即可。

7. JavaScript Blocks 语言不允许存在两个 on start 块。先放入的 on start 块会生效，后放入的 on start 块会被置灰，除非删除已生效的 on start 块。

第4章

1. 下。

2. 微型 USB 连接线；磁盘 / 文件夹；Download。

3. show leds；show string；show icon。

4. 将 show leds 代码块组镶嵌到 forever 块里，使底色由灰变蓝即可。

5. clear screen 块。

6.

第5章

1. 事件；监听。

2. 完全正确。

3. 事件注册 register。

4. 使用 on button pressed 块替换 on start 块或者 forever 块即可。

5.

6. 本题答案有很多种，例如，on shake 块可以监听晃动 micro:bit 的事件。

第6章

1. show number；pick random to；数值。

2. 不正确，0 和 10 也会显示。

3. 只有 on button pressed 块和 on pin pressed 块属于输入，它们都在 Input 模块组类别下。

4. 让计算机生成随机数字通常有两种做法，称为"真随机"和"伪随机"。前者通过测量物理世界的随机数值获得随机数，后者通过预存的数值种子获得随机数，提供给程序使用。

5. 在 show number 块上方添加 clear screen 块。

6.

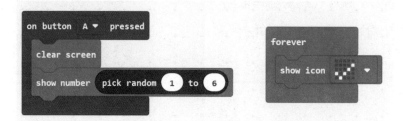

第 7 章

1. 声明变量。

2. C。

3. 正确。

4. 将 change be 块的第 2 个参数设为负数。

5.

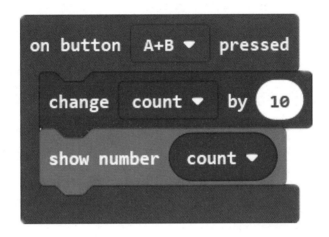

6. 略。

第 8 章

1. 布尔类型；六边形。

2. true/ 真值；false/ 伪值。

3.

圆形数字或者是字符串
凹槽需要填充代码块
六边形只能填写布尔值
带小三角的长方形表示需要选择参数
长方形是变量

4. 大于等于符号位于 Logic 模块组的 comparison 块下。

5. 略。

第 9 章

1. if then else; 加号。

2. 布尔。

3. 2。

4.

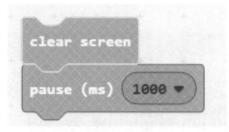

5. pick random to 块的参数应该是 0 和 2，而不是 0 和 3。这样的错误会增加程序获得"布"的概略。

6.

on start
show string "Toss a coin!"

on button A ▾ pressed
if pick random 0 to 1 = ▾ 0 then
    show icon ▦ ▾
else
    show icon ▣ ▾

第 10 章

1. 默认值。

2. 正确。声明变量的意义在于改变默认的初始值，如果忘记声明或者故意不声明，则变量的默认值还是 0。

3. pause 块会暂停程序以毫秒为单位的指定时间，如果将参数改为 1 秒，则 forever 块每隔 1 秒钟执行一次。在本项目中，pause 块控制了被测物体温度变化的速率。

4. 测试代码参考：在 forever 块内，if…then…else 块后方添加 show number 块，参数为 temperature。测试案例包含触发不同引脚并等待 temperature 数值变化即可。

5.

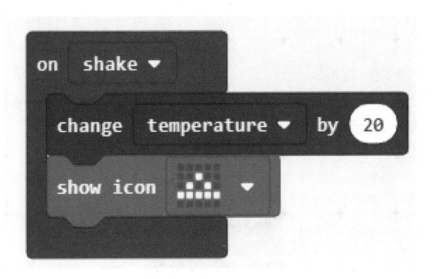

第 11 章

1. radio send number; on radio received。

2. 校验。

3. 数值。

4. 如果需要改变数字所代表的表情图形，则需要修改对应的校验。另外，数字的选择范围也是有限制的。数字应该选用 32bit signed integer，以及使用大于等于 −2147483648 且小于等于 2147483647 的整数或者小数。

5.

（图示：在无线接收到数据时运行程序块）

第 12 章

1. 判断条件；伪 /false。

2. 错误。micro:bit 没有内嵌声音播放设备，需要外接声音输出设备才能发声。

3. Loops；循环。

4.

（图示：on start 程序块）

5. 实现方法参考第 4 题的答案。

第 13 章

1. 0; 255。

2. clear screen; on pause。

3.

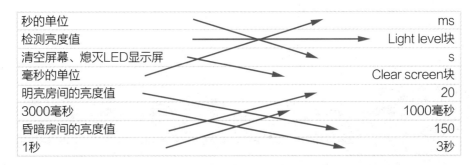

4.

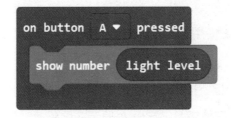

5. 可以使用 clear screen 和 random true or false 块。

第 14 章

1. 伪代码; 人类; 机器。

2. running time。

3.

A.

B.

第 15 章

1. magnetic force；strength。

2. 分界。

3.

4. 布尔类型变量无法使用 show number 块显示；Show number 块只能显示数值类型。

5. 测试 3：远离磁场按下按钮 B，字母 B 显示在屏幕上。

测试 4：手握磁铁按下按钮 B，字母 A 显示在屏幕上。

第 16 章

1.

2. 0；255

3.

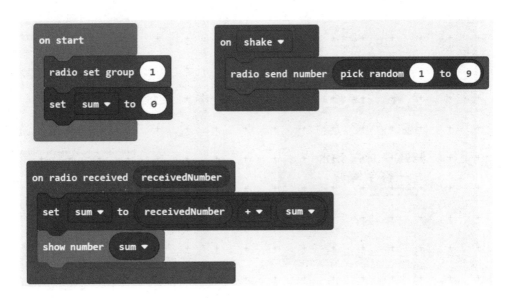

推荐阅读

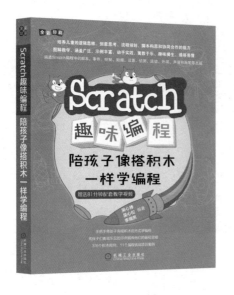

Scratch趣味编程：陪孩子像搭积木一样学编程

作者：吴心锋 吴心松 李佩佩　书号：978-7-111-61836-2　定价：59.00元

培养儿童的逻辑思维、创意思考、流程规划、脚本构思和协同合作的能力
全彩印刷、图解教学、示例丰富、动手实践、寓教于乐、趣味横生、通俗易懂

本书是一本写给8~16岁的少年儿童（以中小学生为主）学习编程的书。书中系统地介绍了Scratch积木式编程的相关知识，用喜闻乐见的示例锻炼孩子们的编程思维。书中通过376个积木用例和14个编程挑战项目案例，由浅入深地介绍了少年儿童编程创作的方方面面知识，涵盖Scratch编程中的脚本、事件、控制、数据、运算、侦测、运动、外观、声音和画笔等相关主题。本书提供了书中所有案例的脚本文件和完整的案例素材，而且还提供了书中编程挑战项目案例的教学视频、运行效果视频及教学PPT，手把手带领读者学习Scratch编程。

人工智能极简编程入门（基于Python）

作者：张光华 贾庸 李岩　书号：978-7-111-62509-4　定价：69.00元

"图书+视频+GitHub+微信公众号+学习管理平台+群+专业助教"立体化学习解决方案
全面贯彻Learning by doing与Understanding by creating的学习理念

本书由多位资深的人工智能算法工程师和研究员合力打造，是一本带领零基础读者入门人工智能技术的图书。本书阅读门槛极低，只需要读者具备初步的数理知识和计算机操作技能即可顺利学习。本书的出版得到了地平线创始人余凯等6位人工智能领域知名专家的大力支持与推荐。本书贯穿"极简体验"的讲授原则，模拟实际课堂教学风格，从Python入门讲起，平滑过渡到深度学习的基础算法——卷积运算，最终完成谷歌官方的图像分类与目标检测两个实战案例。